원자력과 방사선 이야기

- 원자력의 평화적 이용 -

원자력과 방사선 이야기

- 원자력의 평화적 이용 -

지은이 : 윤 실 (이학박사)

전파과학사

원자력과 방사선 이야기
- 원자력의 평화적 이용 -

찍은 날 : 2010년 8월 25일
펴낸 날 : 2010년 9월 10일

지은이 : 윤 실
펴낸이 : 손영일

펴낸 곳 : 전파과학사

출판등록 : 1956. 7. 23 (제10-89호)
주소 : 120-824 서울 서대문구 연희2동 92-18
전화 : 02-333-8855 / 333-8877
팩스 : 02-333-8092
홈페이지 : www.s-wave.co.kr
전자우편 : chonpa2@hanmail.net
ISBN : 978-89-7044-273-0 43400

차 례

제8장 우리나라 원자력발전소의 이모저모 / 243

서 문

　원자력 과학은 원자의 내부 세계를 탐구하는 핵물리학의 발전과 함께 시작되었다. 원자라는 소우주(小宇宙 microcosm) 연구의 역사는 1세기를 조금 넘었을 뿐이다. 1945년, 최초의 원자탄이 사용되고 64년이 흘러간 2009년 12월 27일, 우리나라는 아랍에미리트(UAE)가 계획한 140만kw급 원자력발전소 4기(총 560만kw)를 우리 기술로 건설하는 대규모 프로젝트를 수주(受注)하여, 미국 프랑스 캐나다 러시아 일본에 이어 세계 6번째 원자력발전소 수주국이 되었다. UAE의 원자력발전소 건설을 수주한 이후, "한국은 원자력발전소 경쟁력을 스스로 개척한 나라이다."라는 평을 세계로부터 듣게 되었으며, 이날 이후 온 국민은 우리나라가 원자력 기술 강국이 된 것을 환호하면서 이를 자랑스럽게 여기게 되었다.

　화력발전소라든가 각종 산업시설, 자동차와 비행기 등의 교통기관에서 배출되는 이산화탄소의 양이 증가함에 따라, 지구의 평균기온이 상승하는 온난화현상

〈원자력과 방사선 이야기〉 초판 정오표

페이지	위치	오표기	수정
21	중앙	1987년	1986년
22	중앙	방사선 폐기물	방사성 폐기물
35	위	마이클 패러디	마이클 패러데이
51	아래	방사선 원소	방사성 원소
62	아래	방사선 원소	방사성 원소
100	위	원자력 폐기물	방사성 폐기물
109	중앙	방사선 요드	방사성 요드
124	위	50%	34%
125	아래	국제핵연합	국제원자력협회
128	중앙	1KWh	1kWh
134	아래	닁각제	냉각재(冷却材)
136	중앙	모두 경수로형	모두 중수로형
142	아래	고열원자로	고온원자로
159	위	원자로 총 20개	원자로 총 20기
177	아래	우라늄-239를	우라늄-238을
204	중앙	인디움-111	인듐-111
212	중앙	방사선 동이원소	방사성 동위원소
239	아래	제2의 불	제3의 불
244	중앙	전력을 생산하고	설비용량을 가지고
247	위	장앙읍	장안읍
249	아래	방제훈련	방재훈련

으로 지구 환경은 대재앙을 맞게 되었다고 염려한다. 더욱 염려스러운 것은, 그 동안 인류에게 에너지와 석유제품을 제공해온 화석연료가 고갈되어 간다는 것이다. 뿐만 아니라 세계 여기저기서 대규모 석유오염 사고가 발생하여 지구의 환경을 위협하고 있다.

이러한 사정 변화에 따라, 그 동안 방사선 위험 때문에 원자력 에너지 이용을 반대해오던 일부 환경 보호론자들은 오히려 이제는 원자력 에너지 개발을 권장해야 할 사정이 되었다. 인류의 재난이 될 에너지 부족, 자원 고갈, 그리고 심각한 환경 피해를 막을 최선의 방안이 원자력의 이용이기 때문이다.

지구상에는 아직도 전기 혜택을 받지 못하는 인구가 20억을 넘는다. 인류는 문명이 발달할수록 더 많은 에너지를 소비한다. 식수가 부족한 중동과 사막의 나라에서는 바닷물을 식수로 바꾸는 대규모 담수공장을 건설하고 있다. 담수공장은 전력 소모가 극히 많으므로 그들은 원자력발전으로 생산하는 값싼 전력을 사용할 수 있기를 바란다.

경제적인 전력을 원하는 곳은 대규모 농장, 재배온실, 산업 공장, 지하철, 전기기관차, 도금시설, 정유회사, 철강회사, 조선회사, 기타 화학공장 등 얼마든지 있다. 뿐만 아니라 자동차를 사용하는 사람들은 이산화탄소를 배출하지 않는 전기자동차를 이용할 수 있는 날을 기다린다. 또 날씨가 춥거나 너무 덥거나 하면 전기료 걱정 없이 냉난방 장치를 가동할 수 있기를 원한다. 도시의 도로에서는 밤거리를 더 밝게 비출 가로등 설치를 희망하고 있다. 사실 모든 사람이 경제적이고 안전하며, 공해 위험이 적은 전기 에너지 생산을 기다리고 있다. 그 대책은 원자력 이용뿐이다.

원자력을 얻는 방법은 두 가지다. 하나는 우라늄-233, 우라늄-235, 플루토늄-239와 같은 핵분열 물질을 이용하는 것이고, 두 번째는 중수소와 삼중수소 및 리튬의 핵융합에너지를 이용하는 것이다. 특히 두 번째의 핵융합 방식은 같은 양의 연료로 핵분열보다 100배나 더 많은 에너지를 얻을 수 있다. 이 두 가지 방법이 평화의 '쟁기'로 완전히 이용되지는 못하고 있지만, 방사선 위험으로부터 안전하게 관리할 수 있는 문제만 해결된다면, 핵에너지는 인류의 복지를 위한 가장 훌륭한 도구가 될 것이다.

이 책은 물질의 기본단위인 원자의 구조를 처음 연구하기 시작한 1890년대부터, 원자가 붕괴되면 에너지가 발생하는 사실의 발견, 수소의 핵을 융합시켜 태양에서와 같은 에너지를 발생시키는 이론과 실험, 최초의 원자폭탄이 만들어지고 그것으로 제2차 세계대전을 끝내게 된 과정, 원자력을 전쟁의 도구가 아니라 평화적으로 이용하는 연구, 그리고 방사선을 얼마나 유용하게 사용하고 있는지 등에 대한 내용을 담았다. 이 내용은 21세기의 인류가 희망하는 것들이다.

독자들의 이해를 돕기 위해 가끔 중복 설명을 했으므로 양해를 바란다. 또한 책의 끝에 <중요 용어 해설>을 붙였다. 저자는 이 책이 중고교 청소년과 일반인들에게 어려운 과학책이 아니라, 쉽고 재미난 과학 교양서가 되기를 희망한다.

저 자

제 1 장

원자력은 인류의 미래

전력은 인류를 움직이는 동력

　대한민국의 상공을 야간 비행하는 파일럿들은 남북한의 경계선(휴전선)을 공중에서 간단하게 구별할 수 있다고 말한다. 남한 땅은 주택과 도로와 자동차의 불빛이 찬란하게 반짝이지만, 휴전선 북쪽은 정반대로 암흑의 땅이기 때문이다.

　겨울에 폭설이 내리고 한파가 여러 날 계속되거나, 여름에 강력한 태풍이 강습하고 나면, 송전시설이 파괴되어 며칠씩 전기 공급이 중단되는 일이 발생한다. 정전은 모든 사람을 아우성치도록 만든다. 학교 숙제조차 하기 어렵도록 집안은 캄캄하고, 엘리베이터가 정지하여 몇 시간이고 갇혀 있어야 하는 사정이 되기도 한다. 냉난방 장치가 정지하며, 주방과 화장실에는 수돗물 공급이 끊어지기도 한다. 공장에서는 생산이 중단되고, 냉장시설에 보관된 식품이 썩어가게 된다. 텔레비전과 컴퓨터까지 먹통이 되면, 사람들은 피해복구를 기다리며 늑장을 부린다고 불평을 해댄다.

　전력 공급이 중단되면, 지하철이 멈추고, 휴대폰과 기타 전파통신을 중계하는 장치들이 작동하지 않으며, 공항에서는 관제가 불가능하여 비행기들이 이착륙하지 못하게 되며, 병원에서는 시각을 다투는 환자에 대한 수술도 중단해야 한다. 이런 현상들은 전력

생산과 공급이 중단되었을 때 발생하는 수많은 사건의 일부일 뿐이다.

인류의 미래를 염려하는 세계의 원자력 관련 과학자와 기술자들은 '원자력'하면 '방사선 오염'을 떠올리며 반대하거나 기피하는 사람들의 무시 속에서, 스스로는 위험을 무릅쓰고 꾸준히 연구를 계속하여 그동안 엄청난 양의 지식과 기술을 축적해왔다. 그에 따라 원자력은 오늘날 전력 생산만 아니라 의료, 산업, 농업, 우주개발 등에 너무나 잘 이용되고 있다.

지구의 환경을 건강하게 유지시키며, 필요한 에너지를 충분하게 공급할 수 있는 대안(代案)은 원자력 이용뿐이다. 알고 보면, 지난 반세기 동안 원자력과 방사성 물질의 이용 과학이 발전하지 않았더라면, 오늘과 같이 건강하고 풍요로운 세상을 이룩하기란 불가능했을 것이다.

환경을 지키는 최선의 대안은 원자력

에너지 수요는 해마다 급증하고 있고, 제한된 양의 화석연료(석탄, 석유, 천연가스 등)가 고갈되어감에 따라 이들의 가격은 상승을 계속하고 있다. 한편 화석연료를 장기간 대량 소비함에 따라 이산화탄소의 배출량이 증가하자, 온실효과에 의한 지구온난화라는 대재앙이 닥쳐왔다. 지난 2010년 4월 20일에는 멕시코 만의 수심 1,500미터 해상에 설치한 한 유정(油井)에서 폭발 사고가 발생하여 막대한 양의 원유가 해저로부터 솟구쳐 올라 루이지애나 주와 미시시피 주 및 플로리다 주의 바다를 장기간에 걸쳐 오염시켰다.

1989년 3월 알래스카 해안에서 좌초한 원유 운반선 액손 발데즈 호에서는 약 25만 배럴의 원유가 유출되어 알래스카 해변을 오염시켰고, 2007년 12월에는 우리나라 서해의 태안반도 앞바다에서 발생한 유조선 충돌 사고로 약 8만 배럴의 원유가 흘러나와 넓은 지역을 크게 오염시켰다. 수시로 발생하는 이러한 초대형 석유 오염사고는 지구적인 환경 파괴의 재앙이다.

그 동안 원자력에너지는 방사선 오염이라는 위험 때문에 그 이용이 극히 제한되어 왔다. 그러나 오늘의 시점에서 이산화탄소 배출량을 줄이고, 부족한 에너지를 경제적으로 충분히 생산하며, 환경 피해를 최소한으로 줄일 유일한 방법은 원자력에너지뿐이라고 판단하게 되었다. 2010년 현재, 전 세계적으로 436기의 원자로가 가동되고 있다. 21세기가 시작되면서 세계는 그 동안 기피해온 원자력 에너지 시대를 새롭게 전개하기 시작했다.

21세기 인류의 최대 과제는 에너지(energy), 환경(environment) 그리고 경제(economy) 이 3가지 '3Es'의 합리적인 개발과 조화에 있다고 말하고 있다. 오늘날

전 세계가 사용하는 전체 에너지의 약 80%는 화석연료에서 얻고 있으며, 지구온난화를 가져온 온실가스의 약 85%는 이 화석연료의 연소에서 나오고 있다. 그런데 이 온실가스의 약 40.5%는 화력발전소 굴뚝에서 배출되고 있다.

제2차 세계대전과 원자폭탄 개발

1933년에 독일의 정권을 장악한 히틀러(Hitler, Adolf, 1889~1945)는 1939년 폴란드를 침공하면서 제2차 세계대전을 일으켰다. 이 전쟁은 역사상 가장 넓은 면적에서 장기간 최대의 인명과 재산 피해를 가져온 비극이었다. 제2차 세계대전은 1945년 종전되기까지 전사자 2,500만 명, 민간인 4,000만 명의 희생자를 가져온 역사상 가장 참혹한 전쟁이었다.

유럽대륙에서 전쟁이 한창이던 1941년 12월 7일, 동남아시아를 거의 지배하던 일본군은 6대의 항공모함에 353대의 전투기를 싣고 하와이 진주만을 기습 폭격했다. 이때의 공습으로 미국의 태평양 함대는 거의 괴멸되고 말았다. 일본의 진주만 습격으로 시작된 미·일 간의 대전(大戰)은 '태평양전쟁'이라는 이름으로 부르기도 한다.

유럽에서의 제2차 세계대전은 1945년 4월 30일 히틀러가 자살하고, 다음 달 5월 독일이 연합군에 항복하면서 끝이 났다. 그러나 태평양전쟁은 치열하게 계속되고 있었다. 당시 미국은 루즈벨트(Roosevelt, Franklin Delano, 1882~1945) 대통령이 제2차 세계대전을 이끌고 있었다. 미국 역사상 처음이자 마지막으로 12년간 집권하고 있던 루즈벨트는 종전을 거의 앞두고 4월 12일 집무 중에 뇌출혈로 사망하고 말았다.

루즈벨트 대통령의 급사로, 부통령이 된지 82일 만에 갑작스럽게 대통령직을 인수하게 된 트루먼(Harry S. Truman, 1884~1972) 대통령은 4월 25일, 그 동안 미국 내에서 극비로 진행되어온 '맨해튼 계획'(원자폭탄 제조 계획)에 대해 관계자들로부터 처음 보고를 받게 되었다. 그때 그들은 "우리는 도시 하나를 단번에 완전히 파괴할 수 있는 역사상 가장 무서운 무기를 4개월 이내에 가지게 될 것입니다."라고 설명했다.

전쟁이 빨리 끝나기를 바라던 미국은 1945년 3월, 도쿄와 인근 지역을 B-29 폭격기로 대공습을 감행했다. 이때의 폭격으로 일본은 15만 명이 넘는 사람이 목숨을 잃었다. 그러나 일본은 항복할 기미를 보이지 않고 완강히 저항을 계속했다. 그로부터 몇 달이 지난 8월 6일과 9일, 히로시마와 나가사키에 원자폭탄이 각각 투하되자, 드디어 일본은 8월 15일 항복하고 말았다. 원자탄 투하로 제2차 세계대전은 끝났고, 36년간 일본 통치하에 있던 우리나라는 광복의 날을 맞왔다.

평화를 위한 과학자들의 노력

제2차 세계대전은 원자폭탄이라는 가공할 무기에 의해 끝이 났지만, 지구상에 평화는 오지 않았다. 원자력의 힘과 위험성을 알게 된 과학자들은 원자력이라는 엄청난 에너지를 공포의 무기가 아니라, 전력(電力)을 생산하는 방법으로 개발하여 고갈되어가는 화석연료를 대신하려고 시도했다. 하지만 원자력 이용에는 방사선 오염이라는 위험 요소를 대비해야 하는 어려움이 따랐다. 그럼에도 불구하고 미국과 소련을 비롯한 영국, 프랑스 등에서는 원자력발전소를 건설하여 전력을 생산하기 시작했다.

그러나 1987년에 소련의 체르노빌 원자력발전소에서 사고가 발생하여 약 15,000명이 사망하고, 이후 20여년이 지난 뒤에도 인근 지역에서 기형아들의 출산이 계속 발견되자, 원자력을 이용하려는 과학자들의 시도에 큰 장벽이 되고 말았다. 또한 체르노빌 사고가 나기 이전인 1979년에 일어난 미국 스리마일 원자력발전소의 사고 역시 원자력 종주국인 미국의 원자력 발전 계획에 장애가 되고 말았다.

사람들은 원자력 에너지를 이용하는 것이 필요하다

대전 한국원자력연구원의 파이로 프로세싱 연구자들이 로봇 팔을 이용하여 핵연료를 조작하고 있다.(한국원자력연구원 사진)

는 것을 너무나 잘 알고 있다. 그러나 대부분의 사람들은 "원자력 발전소를 건설하는 것은 찬성하지만, 우리 마을에 건설하는 것은 반대한다."고 말해왔다. 우리나라 역시 원자력 발전소를 건설할 때마다 많은 저항을 받았다. 더군다나 방사선 폐기물을 저장해둘 장소를 결정하기까지는 참으로 긴 시간과 어려움이 따랐다.

　과학기술은 인류에게 풍요로운 삶과 편리함을 가져다주었다. 그러나 동시에 핵무기처럼 가공할 파괴와 살상의 도구가 되기도 했다. 오늘날 각국의 정치가들과 과학자들은 제2차 세계대전과 함께 개발된 원자력을 인류의 평화와 성장을 이룩하는 문명의 이기(利器)

로 이용토록 끊임없이 노력하고 있다. 그러나 불행하게도 북한을 포함한 소수 정권(政權)은 독제체제를 유지하는 수단으로 핵무기를 개발하여 세계의 평화를 위협하고 있다. 뿐만 아니라 테러 집단이 핵무기를 손에 넣어 세계를 협박할 위험도 있어 큰 우려의 하나가 되고 있다.

그러나 21세기가 시작되면서 화석 에너지 자원의 고갈과 지구온난화, 그리고 석유 오염이라는 지구 재난의 문제를 해결하기 위해 원자력을 산업에 이용하려는 관심과 시도가 날로 커지게 되었다. 2010년부터는 '원자력을 평화적으로 이용하는 르네상스의 시대'가 시작되었다고 많은 사람들은 말하게 되었다. 원자력은 이산화탄소를 배출하지 않는 청정에너지이며, 화석연료를 거의 완전히 대체할 수 있는 유일한 에너지원이기 때문이다.

제2차 세계대전의 종전으로 광복을 맞이한 우리나라는 6 · 25전쟁까지 겪으면서 세계에서 가장 가난한 나라의 하나가 되고 말았다. 그러나 우리의 지도자들과 과학자들은 세계가 기피산업으로 여기는 원자력 산업, 그 중에서도 원자력발전소(원전) 개발 산업을 집중적으로 추진하여 오늘날 세계 최고 수준의 원전 기술국이 되도록 했다.

중국은 2030년까지 원전을 100기나 건설할 계획을 세웠다고 하며, 이 외에 가까운 날 여러 나라가 원자력발전소를 수주할 계획을 가진 것으로 알려져 있다. 이에 따라 우리나라는 2030년까지 4,000억 달러에 이르는 원자력발전소를 전 세계로 수출할 방안을 모색하고 있다고 전한다. 그 대상국은 동남아 국가만 아니라 원전기술의 사각지대인 남미와 중동 및 아프리카에까지 미치고 있다.

세계 원자력 정상회의

제2차 세계대전 이후 강국들 간에 시작된 핵무기 경쟁은 지구를 수백 번이라도 파괴시킬 정도의 핵탄두를 보유하게 만들었다. 세계의 정치경제적 환경이 변함에 따라, 이제 각국은 인류를 멸망시킬 가공할 핵무기를 없애고, 그 대신 모든 원자력을 인류 복지와 평화를 위한 문명의 이기로 만들어야 한다는 사실에 공감하게 되었다.

한편으로 그 동안 원자력발전소를 가동하고, 여러 산업에 방사선을 활용하게 됨에 따라, 원자로를 가동하고 남은 연료와 각종 방사선 폐기물을 안전하게 처리해야 하는 어려운 문제를 국가 간의 협력으로 해결해야 하게 되었다. 만일 방사성이 강력하면서 반감기가 긴 방사성폐기물(고준위핵폐기물)을 안전하게 처리하지 못한다면, 세계평화를 위협하는 문제를 발생시킬 수 있기 때문이다.

　최초의 원자폭탄이 사용된 이후부터 세계는 핵무기 개발의 확산과 핵폐기물 처리에 대한 국제적 협력을 시작했다. 지난 2010년 3월 10~12일에는 서울에서 '세계 평화-환경을 위한 원자력 정상회의'(SHAPE- 2010)가 개최되었다. SHAPE(Summit of Honor on Atoms for Peace and Environment)에는 세계의 정치 지도자와 원자력 전문가, 핵 비확산 전문가, 각국의 고위 정책 실무자 150여명이 참여했다.

　'핵무기 없는 원자력 르네상스의 준비'라는 주제로 열린 정상회의에서 '원자력의 혜택을 최대화하면서 핵무기 위험을 최소화하기 위해 원자력 연료인 우라늄의 채굴에서부터 방사능 폐기물의 처리까지 투명하게 관리하여, 핵무기 확산을 막도록 하는' 다국적 통제 시스템을 만들 것이 제안되었다.

　이번에 열린 SHAPE 회의는 '퍼그워시 회의' (Pugwash Conference)의 지원도 받았다. 퍼그워시 회의란 국제적인 핵 분쟁, 안전 위협, 핵무기 폐기 등을 목적으로 1957년에 영국의 물리학자 조지프 러트블래트(Joseph Rotblat, 1908~2005), 영국의 철학자 버트런드 러셀(Bertrand Russel, 1872~1970), 물리학자 아인슈타인 등이 캐나다의 퍼그워시에 모여 결성한 원자과학자들의 국제기구이다. 첫 퍼그워시 회의에는 미국, 영국, 러시아, 캐나다, 일본, 오스트레일리아의 과학자

22명이 참석했다. 이 회의가 창립될 때 주역이었으며, 국제적으로 큰 영향력을 갖도록 노력한 러트블래트는 1995년에 노벨평화상을 수상했다.

SHAPE회의가 서울에서 개최되도록 한 데는 서울대학의 핵물리학자 황일순(黃一淳) 박사의 영향이 컸다고 보도되었다. 황 교수는 핵연료를 재처리하는 효과적인 새 기술(파이로 프로세싱 방식)을 개발하여 국제특허를 얻은 과학자이다. 새로운 파이로 프로세싱(pyro processing) 기술은 우라늄 연료의 효율을 100배 정도 높이면서, 방사능은 1000분의 1로 줄이는 방식이다.

핵에너지를 가장 적극적이고 효율적으로 이용하는 국가로 성장한 한국은 이번 SHAPE 회의를 통해 원자력 기술 강국, 원자력 수출 대국으로서의 위상을 확보했다.

제 2 장
원자력시대를 개척한 위대한 과학자들

물질의 최소 단위를 생각한 옛사람들

핵물리학 또는 원자력 과학으로 불리는 분야는 20세기 초부터 본격적으로 발전하기 시작했다. 원자력을 영어로 atomic energy 또는 nuclear energy로 표현하는데, 이를 우리말로는 원자력 에너지 또는 핵에너지로 표현한다. 일반적으로 원자력 에너지, 원자력 발전소, 원자력 로켓처럼 원자력을 평화적으로 사용할 때는 '원자력'이라 부르다가, 원자력이 무기로 이용될 때는 핵무기, 핵폭탄처럼 '핵'을 사용하는 경우가 많다. 원자력 시대를 개척한 과학자들은 모두 핵물리학의 선구자들이며, 과학 역사에서 눈부신 별들이다.

세상에는 수없이 많은 종류의 물질들이 복잡한 모습으로 존재한다. 이 모든 물질의 기본을 이루는 것은 무엇일까? 그리스의 위대한 자연철학자였던 데모크리토스(Democritus, BC. 460~370)는 '모든 물질은 원자(atomos 또는 atom)라고 부르는 눈으로 볼 수 없는 아주 작은 입자가 무수히 모인 것'이라고 생각했다. 'atomos'는 더 이상 쪼갤 수 없다는 뜻을 가진 그리스 말이다. 데모크리토스의 고대(古代) 원자설은 그가 처음 제창한 것이 아니고, 그의 스승이며 철학자인 루시푸스(Leucippus, BC. 341~270)가 먼저 제안한 것이라는 설도 있다.

데모크리토스는 이렇게 말했다. "원자는 더 쪼갤 수 없는 작은 입자이며, 원자는 항상 운동하고 있고, 그 운동 때문에 다른 원자와 충돌한다. 또한 원자는 모양이 각기 다르기 때문에 성질도 제각각이다."라고 말했다. 그의 원자설이 옳지는 않지만, 2,500여 년 전에 그러한 원자 이론을 말한 것은 매우 놀라운 일이다.

그리스의 위대한 철학자이며 모든 학문의 아버지로 불리는 아리스토텔레스(Aristole, BC. 384~322)는 데모크리토스의 원자 이론을 받아들이지 않았다. 그는 "모든 물질은 불(fire), 흙(earth), 공기(air), 물(water) 4원소로 이루어져 있고, 우주 공간은 에테르(ether)가 차지하고 있다."고 주장했다. 아리스토텔레스의 이 잘못된 '4원소설'은 1808년에 발표된 돌턴Dalton)의 원자설을 사실로 받아들이게 된 20세기 초까지 의심받지 않았다.

갈릴레오가 태양중심설을 발표하기 이전까지 지구중심설을 의심하는 사람이 아무도 나타나지 않았듯이, 데모크리토스의 원자설이 알려진 이후에는 2000년이 넘도록 사람들은 원자의 구조에 대해 특별한 의심 없이 옛 생각을 그대로 가지고 있었던 것이다.

새롭게 알려진 원자의 구조

1808년에 이르자, 영국의 화학자 존 돌턴(John Dalton, 1766~1844)이 처음으로 현대적인 '원자설'(Dalton's Atomic Theory)을 주장했다. "모든 물질은 원자로 구성되어 있으며, 원자는 창조될 수도 없고 파괴되거나 분리될 수도 없다. 한 원소의 원자는 다른 원소의 원자와 다르다. 모든 화학반응은 원자들이 결합하거나 분리되는 결과로 일어난다."

돌턴이 이러한 혁명적인 원자론을 발표하자, 그때까지도 데모크리토스의 원자론을 지지하던 많은 이름난 과학자들은 그의 이론을 비웃기까지 했다. 그러나 몇 해가 지나자 모든 과학자들은 돌턴의 원자론을 지지하게 되었다. 그러한 돌턴의 원자 개념도 음극선과 방사선을 발견하게 된 19세기 말에 이르자 낡은 생각이 되고 말았다. 원자는 더 이상 쪼갤 수 없는 것이 아니라 더 작은 입자들이 있다는 증거들을 발견하기 시작했기 때문이다.

모든 원소(element)는 원자(atom)로 구성되어 있다. 이 원자는 양성자(proton), 중성자(neutron), 전자(electron)라는 3가지 기본 요소로 구성되어 있으며, 이 가운데 양성자와 중성자는 원자의 중심인 핵을 이루고 있다. 이 중에 양성자는 양전기 1개를 가졌고, 중성자는 전기가 없으며, 양성자와 중성자의 무게는 같다. 반면에 양성자나 중성자보다 훨씬 작은 전자는 1개의 음전기를 가지고 있다.

전자는 핵으로부터 멀리 떨어진 공간을 매우 복잡한 궤도를 가지고 아주 빠르게 움직이고 있다. 원칙적으로 원자의 핵 둘레를 돌고 있는 전자의 수는 원자의 핵이 가진 양성자의 수와 같다. 그래서 각 원자는 양전기를 가진 양성자와 음전기를 가진 전자의 전기량이 동일하여, 전기적으로 평형을 이루고 있다.

모든 원소는 원자가 가지고 있는 중성자, 양성자, 전자의 수에 따라 그 성질이 다르다. 각 원소의 원자는 다른 원소의 원자와 결합하기도 하여 분자(molecule)를 만든다. 그래서 이 세상 만물은 각 원소들이 다양하게 결합하여 수많은 종류의 분자를 이루고 있다. 이러한 분자는 자연적으로 존재하지만, 현대의 과학기술은 인공적으로 더 많은 종류의 분자 물질을 만들고 있다.

주기율표의 등장

같은 시기에 원소의 종류들이 차례로 발견되었다. 1860년대까지 발견된 원소의 종류는 약 60가지였으며, 각 원소들의 고유 성질도 많이 알게 되었다. 러시아의 화학자 드미트리 멘델레예프(Dmitri Mendeleev, 1834~1907)는 35세가 된 1869년, 당시까지 알려진 61가지 원소의 원자 무게(오늘날은 '원자량'이라 부름)와 각 원자의 성질에 따라 분류한 간단한 배열표(최초의 원소 주기율표)를 발표하면서 이렇게 밝혔다. "원소들은 원자의 무게에 따라 주기적으로 공통된 성질을 나타낸다."

그가 만든 주기율표에는 채우지 못한 빈 공란이 있었다. 이 공란을 두고 그는 "이 빈자리는 아직 찾아내지 못한 원소가 있음을 말해준다."고 했다. 그는 빈자리를 채울 원소 이름을 몇 가지 미리 지어두기도 했다. 그의 예언대로 1886년까지 갈륨, 스칸듐, 게르마늄이 발견되었으며, 각 원소는 멘델레예프가 예상한 성질을 가지고 있었다. 그의 예언이 맞아들자, 당장 유명한 화학자로 인정받게 되었다. 또한 멘델레예프의 주기율표(Mendeleev's Periodic Table)가 옳다는 것을 믿게 되면서, 세계의 화학자들은 그때까지 발견하지 못한 원

원소주기율표를 만든 러시아의 위대한 화학자 멘델레예프

소를 경쟁적으로 찾아 나섰다.

　멘델레예프와 같은 시기에 영국의 물리학자 헨리 모즐리(Henry Moseley, 1887～1915)도 주기율표를 연구하고 있었다. 그러나 발표가 늦었기 때문에 주기율표의 발견에 대한 영예는 멘델레예프에게 돌아갔다. 모즐리는 X-선을 이용하여 각 원자가 가진 양성자의 수를 조사했다.

　이때부터 각 원소의 원자가 가진 양성자의 수를 '원자번호'(atomic number)라 부르게 되었다. 1925년에 이르자, 화학자들은 자연계에 존재하는 가장 가벼운 원소인 수소로부터 가장 무거운 원소인 원자번호 92인 우라늄까지 92가지 원소 모두를 발견했다. 나아가 1940년에는 입자가속기라는 장치를 사용하여 우라늄 원자에 중성자를 충돌시켜, '넵투늄'이라는 원자번호 93번인 인공원소까지 만들기에 이르렀으며, 이후부터 여러 종류의 인공원소들을 생산하게 되었다. 1955년에 만든 원소번호 101번인 인공 원소는 멘델레예프의 공로를 기념하여 '멘델레븀'이라는 이름을 얻었다.

　원자번호와 원자량 : 주기율표에 나와 있는 1부터 118까지의 번호를 '원자번호'(atomic number)라 하는데, 이는 그 원소의 핵이 가지고 있는 양성자의 수이다. 그리고 원자량(atomic mass = atomic weight)은 각 원소의 원자가 가진 양성자, 중성자, 전자의 무게를 합한

질량이다. 각 원소의 질량은 탄소-12 원자의 질량을 12로 했을 때, 각 원소의 상대 질량을 나타낸다. 2010년 현재 원소의 주기율표를 채우는 원소의 종류는 모두 118가지이다.

음극선의 발견

원자력 시대의 전개는 원자의 구조를 생각하게 된 때로부터 시작되었다고 할 수 있다. 눈으로 볼 수 없는 원자의 구조를 연구할 수 있게 된 계기는 음극선, X-선, 방사선 및 방사선 물질을 발견함으로써 가능해졌다. 이들의 발견 과정을 조금 이해하면, 원자물리학을 이해하기 쉬워진다.

독일의 물리학자 게리케(Otto von Guericke, 1602~1686)는 1650년에 진공펌프를

크룩스관의 음극에 수천 볼트의 전압을 걸면 전자(음극선)가 튀어나와 양극 쪽으로 간다. 이때 음극에서 생겨난 전자는 공기 분자들의 방해가 없으므로, 양극 쪽으로 직선으로 빛 속도의 약 20% 빠르기로 간다. 그러므로 음극선 앞을 금속 스크린으로 막으면 양극 쪽 유리관 벽에 그림자가 생긴다.

발명했다. 이후 많은 물리학자들은 진공 속에서 일어나는 현상들에 대해 여러 가지 실험을 하고 있었다. 1838년 영국의 물리학자이며 화학자인 패러디(Michael Faraday, 1791~1867)는 유리관에서 공기를 뽑아내고 그 양쪽에 금속 필라멘트로 된 전극을 각각 연결한 후 고압 전류를 흘려주자, 음극과 양극 양쪽에서 이상스런 빛이 희미하게 나는 것을 발견했다.

1857년, 독일의 물리학자 가이슬러(Heinrich Geissler, 1814~1879)는 더 강력한 진공펌프로 유리관 내부의 공기를 뽑아내어 1,000분의 1기압 정도의 진공관을 만들었다. 그는 패러디와 같은 방법으로 실험한 결과, 이번에는 유리관 전체에서 빛이 났다. 이런 모양의 진공관을 '가이슬러관'이라 하며, 가이슬러관은 지금 네온사인 빛을 내는 네온관과 같은 것이다.

다시 영국의 물리학자 크룩스(William Crookes, 1867~1875)는 가이슬러관을 독특한 모양으로 만들어, +극 쪽에 십자 모양의 금속편을 놓아 전류를 흘리면 반대쪽에 그림자가 생기는 것을 발견했다. 그림자가 생긴다는 것은 어떤 방사선이 음극에서 나오는 현상이므로, 이를 음극선(cathode)이라 불렀다. 그러나 당시에는 음극선의 정체를 알지 못했다.

음극선이 무엇인지 처음 밝힌 과학자는 영국의 물리학자 톰슨(J. J. Thomson, 1856~1940)이었다. 그는 1897년에 음극선이 음전기를 가진 입자의 흐름이라는

것을 밝혀내고, 거기
에 전자(electron)이라
는 이름을 붙였다.
음극선관의 음극에서
전자가 나오는 이유
는 진공 속에 남아
있던 약간의 기체 분
자가 강한 전기장에
의해 이온화된 결과
이다. 이온화 된 입
자 중에 +이온 입자
는 −극으로 끌려가
음극과 충돌하게 되
고. 이때 음극의 금
속에서 전자가 나와
+극으로 간 것이다.
이때 튀어나온 전자

윌리엄 크룩스는 오늘날 사용되는 모든 진
공관을 탄생하도록 한 개척자이며, 그의
크룩스관 발명은 뒤이어 X-선을 발견하고,
원자의 구조를 알도록 한 원자물리학 발전
의 계기가 되었다.

는 공기 분자의 방해를 거의 받지 않으므로 아주 빠
른 속도(광속의 5분의 1 정도)로 흐른다.

크룩스관은 흔히 음극선관(cathode ray tube)이라 불
리기도 한다. 집안을 밝히는 형광등과 과거의 아날로
그 텔레비전과 컴퓨터의 모니터는 모두 음극선을 이
용하는 진공관의 일종이다.

X-선의 첫 발견

크룩스관이 발명되자, 수많은 과학자들이 크룩스관을 여러 형태로 만들어 다양한 실험을 해보게 되었다. 독일의 물리학자 빌헬름 콘라트 뢴트겐(Wilhelm Conrad Röntgen, 1845~1923)도 크룩스관으로 실험을 하고 있었다. 1895년 어느 날, 뢴트겐은 크룩스관에 고압의 전류를 걸어 실험하던 중, 형광물질인 바륨 플레티노시아나이드를 입힌 스크린(barium platinocyanide screen)에 자기의 손 뼈 그림자가 얼핏 비치는 것을 발견했다. 그는 실험을 계속하여 크룩스관에서 나오는 미지의 방사선이 두꺼운 종이, 목재, 알루미늄 등을 투과할 수 있으며, 사진건판을 감광시킨다는 사실을 알게 되었다. 그는 수학에서 미지수를 X로 나타내듯이, 신비한 이 광선을 'X-선'이라 불렀다.

크룩스관의 음극에서 나오는 전자는 빠른 속도 때문에 큰 에너지를 가지고 있다. 그러므로 에너지가 큰 전자가 양극이나 유리관 벽과 충돌하면 X-선을 내게 된다. X-선은 자외선보다 파장이 짧고 주파수가 높으며, 강력한 투과력을 가진다. 그러나 파장이 더 짧고 주파수가 큰 감마선보다는 투과력이 약한 전자기파이다.

당시 많은 과학자들이 실험하고 있던 모든 크룩스

관에서 X-선이 나왔지만, 다른 과학자들은 이 사실을 미처 확인하지 못했다. 그리고 음극선이 나오는 크룩스관에서 X-선이 발생한다는 사실을 발견하기 이전까지는, 이처럼 투과력이 강한 광선(전자기파)이 존재할 것이라는 생각을 아무도 하지 못하고 있었다.

X-선을 발견한 뢴트겐(영어 표기는 Roentgen)은 1896년에 이를 처음으로 발표했고, 그 공로로 노벨상 원년인 1901년에 노벨 물리학상을 수상했다. 그는 X-선에 대한 특허권을 신청하지 않았다.

X-선이 발견되면서 현대 물리학을 비롯한 모든 과학기술의 세계에 엄청난 변화가 일어났다. 의학자들은 제일 먼저 X-선을 이용하여 환자의 신체 내부를 진단하는 기술을 발전시키기 시작했다. 과학의 역사에서 위대한 업적이 된 뢴트겐의 X-선 발견은 뒤이어 마리 퀴리로 하여금 방사성 원소인 라듐을 발견하는 계기가 되었다.

독일의 물리학자 유겐 골드스타인(Eugen Goldstein,

1850~1931)은 크룩스관의 음극에서 나오는 선을 '음극선'(cathode ray)이라 불렀다. 또한 그는 크룩스관에서 양(+)전하를 가진 입자도 방출된다는 사실을 1886년에 발표했다. 그러나 당시에는 전자라든가 양성자에 대해 아무것도 모르고 있었다. 그러나 골드스타인이 양전기를 가진 입자를 발견하자, 물리학자들은 원자의 구조에 대해 새로운 생각을 하게 되었다.

톰슨의 전자 발견과 원자 모형

영국의 물리학자 조지프 존 톰슨(Joseph John Thomson, 1856~1940)은 1897년에 '음극선은 음전하를 가진 입자의 흐름'이라고 주장하면서 이를 전자(electron)라고 불렀다. 이로서 톰슨에 의해 '전자'가 처음으로 드러나게 되었다. 나아가 톰슨은 "원자는 양전하를 가진 양성자와, 양성자의 전하를 중화시킬 정도의 음전하를 가진 입자(전자)로 이루어져 있다."는 소위 '톰슨의 원자 모형'(Thomson's Model of Atom)을 발표했다.

톰슨은 27세가 되던 1884년에 영국 캠브리지 대학 캐번디시 연구소의 소장이 된 위대한 과학자이다. 그는 훌륭한 연구자이면서 후학을 잘 이끄는 탁월한 지도자였다. 그는 20세기 초기 30여 년 동안 영국을 원자핵물리학 분야에서 주도적 지위에 있도록 이끌어갔다. 톰슨은 1906년에 전자의 발견과 동위원소의 발견에 대한 공로로 노벨물리학상을 수상했다.

원자력 에너지를 예언한 러더퍼드

톰슨의 제자 중에는 뉴질랜드 농민의 아들로 태어나 1895년에 캠브리지로 유학을 온 어니스트 러더퍼드(Ernest Rutherford, 1871~1937)가 있었다. 두 사람은 곧 매우 가까운 연구 동료가 되었다. 러더퍼드는 톰슨과 함께 1898년까지 지내다가 캐나다 몬트리올에 있는 맥길 대학의 물리학 교수가 되었다.

1902년, 그는 "방사선은 원자의 핵이 붕괴되어 나오는 것이다. 핵이 붕괴되면 알파입자, 베타 입자, 감마선 이렇게 3가지 방사선이 방출된다. 이들이

러더퍼드는 1914년에 영예로운 기사 칭호를 받았으며, 죽은 뒤에는 아이자크 뉴턴과 조지프 톰슨이 매장되어 있는 런던 웨스트민스터 대수도원에 함께 묻혔다.

방출된 핵은 다른 원소로 변한다."는 이론을 발표했다. 이 이론은 1908년 그에게 노벨 화학상을 안겨주었다.

러더퍼드는 오늘날 '핵물리학의 아버지'로 불린다. 그는 1909년에 다시 영국으로 돌아와 맨체스터 대학으로 갔다. 이 대학에서 양전하를 가진 헬륨의 핵에서 알파 입자가 흩어지는 것을 관찰하던 중, 원자 내부는 거의가 빈 공간이고, 그 중심에 양전하를 가진 매우 작은 핵이 압축되어 있으며, 그 주변에 전자들이 행성들처럼 돌고 있다는 새로운 원자 모델(Rutherford's Model of the Atom)을 1911년에 발표했다.

"원자의 핵은 대단히 작다. 핵 주변을 돌고 있는 전자와 핵 사이에는 광대한 공간이 있다. 원자를 100만 배 확대하면 겨우 마침표(.) 정도의 크기로 보이며, 그 속에 있는 핵을 보려면 다시 20,000배 정도 확대해야 겨우 알아볼 것이다. 그럴 때면 원자의 크기는 기차의 객차 만하게 보일 것이다." 그가 발견한 원자 구조 모델은 '러더퍼드-보어의 원자'로 불린다.

러더퍼드는 "라듐의 원자핵이 붕괴될 때 막대한 에너지가 방출된다. 원자가 분열할 때 나오는 에너지를 이용할 수 있는 날이 올 것이다."고 다시 놀라운 예언을 하기도 했다. 1919년에 그는 이런 말도 했다. "어떤 어리석은 과학자가 원자핵을 분열시키는 실험을 하다가 자신도 모르게 지구를 송두리째 폭발시킬지도 모른다." 이 이론은 얼마 뒤에 발표된 아인슈타인의 상대성 이론과 관계가 있다.

이어서 같은 연구소의 영국 물리학자 제임스 채드윅(James Chadwick, 1981~1974)은 1932년에 드디어 중성자를 발견했다. 중성자는 양성자와 질량이 거의 비슷하고, 전기는 띠지 않았다.

동위원소를 발견한 과학자

과학자들은 전자석을 지혜롭게 사용하여 전자의 무게가 수소 원자 1개 무게의 1,840분의 1이라는 것을 밝혔다. 전자는 모두 같은 무게를 가졌고 같은 양의 전기를 띠고 있다.

러더퍼드는 1901년에 맥길 대학에서 23세의 영국 과학자 프리데릭 소디(Frederick Soddy, 1877~1956)를 만났다. 두 사람은 우라늄과 라듐에서 방출되는 방사선을 설명할 수 있는 학설을 공동으로 연구하기로 했다. 그들은 방사성 원소가 끊임없이 붕괴되는 과정에 방사선이 생기며, 방사선을 방출한 원소는 다른 원소로 변한다고 생각했다. 또한 그들은 라듐이 방사선을 모두 방출하고 나면 납이 된다고 보았다.

소디는 원소 중에는 원자번호가 같고 화학적 성질과 물리적 성질이 거의 같지만, 원자량(원자의 무게)

만 다른 원소가 있다는 것을 발견했다. 그는 이를 동위원소(isotope)라 불렀다. 당시에는 중성자의 존재를 알지 못했지만, 동위원소는 핵 속에 들어 있는 중성자의 수가 표준원소와 다르다. 자연계의 원소는 거의 모두 몇 가지 동위원소가 있으며, 동위원소는 표준원소보다 무겁거나 가볍다.

소디는 23세 때 "무엇이 우라늄으로 하여금 방사선을 내게 하는가?"하는 의문을 가졌다. 소디는 원자량 238인 보통의 우라늄(표준원소)에는 그보다 약간 가벼운 동위원소인 우라늄-235(U-235)가 소량 섞여 있으며, 이것은 불안정하여 스스로 붕괴되면서 방사선을 방출한다는 사실을 발견했다.

이 당시에는 수소의 동위원소에 중수소와 3중수소가 있다는 것을 알지 못했다. 일반 수소는 핵에 양성자 1개만 있어 원자량이 1이다. 그러나 수소 중에는 원자량이 2인 무거운 수소(중수소)가 극미량 포함되어 있다. 중수소는 핵 속에 1개의 양성자와 1개의 중성자를 가지고 있다. 또한 수소 중에는 핵 속에 양성자 1개와 중성자 2개를 가진, 보통 수소의 3배 무게를 가지는 3중수소도 극미량 있다. 중성자의 존재는 소디가 동위원소를 발견하고 20여년이 지난 뒤에야 알게 되었다.

더 정확한 보어의 원자 구조 모델

덴마크 코펜하겐 대학의 물리학자 닐스 보어(Niels Bohr, 1885~1962)는 영국의 캠브리지에서 존 톰슨 밑에서 연구하기도 하고, 맨체스터에서 러더퍼드와도 함께 연구했다. 그는 1913년에 "원자의 핵 둘레에는 전자들이 어떤 궤도를 따라 돌고 있으며, 전자들은 한 궤도에서 다른 궤도로 이동할 수 있다. 원소의 화학적 성질은 궤도를 도는 전자에 의해 결정된다."는 이론을 발표했다. 또한 그는 "고에너지 궤도에 있던 전자가 저에너지 궤도로 이동할 때는 광자(광양자)를 낸다."는 이론도 발표했다. 그는 러더퍼드의 원자 모델을 더욱 발전시킨 것이다. 그의 이러한 연구는 양자론(量子論 quantum theory)으로 발전하게 되었다.

보어는 상보성 원리(相補性 原理 principle of complementarity)를 주장했다. 예를 들면, 빛은 파와 입자의 서로 대립되는 두 가지 성질을 갖고 있다고 했다. 이러한 이론 때문에 보어는 아인슈타인과 학문적인 논쟁을 벌이기도 했다. 보어는 원자의 구조를 밝힌 공헌과 양자역학(quantum mechanics) 발전에 기여한 공로로 1922년에 노벨 물리학상을 수상했다.

그는 독일이 덴마크를 점령하자 레지스탕스에 적극 참여했고, 이 때문에 1943년 가족과 함께 미국으로 탈출했다. 이후 그는 미국의 원자탄 개발 계획인 맨해튼 계획에 참여한 핵물리학자 중의 한 사람이 되었다. 그는 무거운 원자의 핵이 중성자를 흡수하여 핵분열하게 되는 이유를 설명했으며, 우라늄-235(우라늄 동위원소)만이 중성자에 의해 핵분열을 일으킨다고 밝히기도 했다.

덴마크를 탈출하기 전, 그는 금으로 제작된 자신의 노벨상 상패를 병에 넣고 산성 용액으로 녹여서 감추어두었다. 전쟁이 끝난 후 귀국한 그는 병에 녹아 있던 금을 회수하여 상패를 다시 주조(鑄造)했다. 그의 아들 에지 닐스 보어(Aage Niels Bohr, 1922~2009)는 물리학자로 성장하여 1975년에 노벨상을 수상했다.

방사선의 첫 발견

톰슨이 발견한 음극선은 음전기를 띤 작은 입자의 흐름이라는 것을 알게 되었지만, X-선은 어떤 입자의 흐름이 아니라 파장이 아주 짧은 전자기파였다. 1896년, 프랑스의 물리학자 헨리 베크렐(Henri Becquerel, 1852~1908)은 우라늄을 함유한 연한 갈색의 천연 암석인 피치블렌드를 검은 종이로 싸서 사진 건판 위에 우연히 놓아두었다. 그는 실수로 그 건판을 현상까지 했고, 놀랍게도 거기에 피치블렌드의 영상이 나타난 것을 발견했다. 베크렐은 신기하게 여겨 다시 실험을 한 결과, 피치블렌드에서 눈에 보이지 않는 방사선(放射線, 당시에는 '베크렐선'이라 불렀다)이 방출된다는 사실을 발견했다. 그러나 그는 이 방사선이 무엇인지 알 수 없었다.

러더퍼드는 베크렐선에 3가지 형태의 방사선, 즉 알파 입자와 베타 입자 그리고 감마선이 나오고 있음을 알았다. 한편 베크렐 교수의 지도를 받으며 조수로 일하던 마리 퀴리(Marie Curie, 1867~1934)는 베크렐의 발견에 남다른 관심을 가졌다. 베크렐은 그가 발견한 방사선이 과학의 세계를 뒤집어 놓을 현상이라는 것을 미처 깨닫지 못했다.

마리 퀴리는 피치블렌드를 조사한 결과, 피치블렌드에 함유된 우라늄의 무게에 비례하여 방사선의 양도 증가한다는 사실을 발견했다. 그리고 그녀는 피치블렌드에 우라늄 외에 다른 방사성 원소가 포함되어 있을 것이

마리퀴리는 역사상 가장 위대한 여성과학자의 한 사람이다.

라고 확신했다.

폴란드에서 태어나 24세 때 프랑스 시민이 된 마리 퀴리(본명은 Marie Sklodowska)는 1895년에 프랑스의 물리학자 피에르 퀴리(Pierre Curie, 1859~1906)와 결혼했다. 마리는 남편 피에르에게 자신이 가진 의문, 죽 방사선을 내고 있는 것은 피치블렌드가 아니라, 그 광석 속에 들어 있는 알려지지 않은 어떤 새로운 원소일 것이라는 생각을 설명했다.

피에르는 곧 부인의 생각에 동의하고, 공동으로 이 문제를 연구하기로 했다. 마리는 베크렐 교수의 조수 직을 그만두었다. 이때부터 퀴리 부부는 낡은 화학공장을 빌려 연구를 시작했다. 퀴리 부부의 실험은 말할 수 없이 고된 일이었다. 그들은 온갖 방법으로 고안한 실험 장치로 4년 동안 6톤의 피치블렌드를 물리화학적으로 처리하여, 1898년에 겨우 몇 밀리그램의 두 가지 새로운 원소를 추출하는데 성공했다. 애국심이 남다른 퀴리는 첫 번째로 발견한 물질에게 고국 폴란드를 생각하여 '폴로늄'(polonium)이라는 이름을 붙였다.

같은 해 11월, 퀴리 부부가 라듐을 발견한 날 밤이다. 연구실 문을 열고 들어선 퀴리 부부는 그만 발을 멈추었다. 캄캄한 연구실 한 구석에서 아주 약하고 파르스름한 자연에서 보지 못한 신비스런 빛이 나고 있었다. 가스등을 켜자, 그 빛은 사라지고, 거기에는

10mg 정도의 옅은 회백색 고체가 담긴 시험관이 놓여 있었다. 마침내 그들은 스스로 빛을 내는 원소를 역사상 처음 발견한 것이다. 퀴리 부부는 '빛을 내는 원소라는 의미'로 그 물질을 '라듐'(radium)이라 불렀다.

퀴리 부부가 스스로 빛을 내는 새로운 원소를 발견하기 전까지는, 원자는 변화시킬 수도 없고 더 잘게 나눌 수도 없는 가장 작은 물질의 입자라고 믿고 있었다. 그러나 라듐이 내쏘는 그 희미하고 신비스런 빛은 원자보다 더 작은 입자가 나오는 것이었다. 그리고 빛을 내는 그 물질은 분명히 분열되어 다른 물질로 변하고 있었다. 더욱 연구를 계속한 퀴리 부부는, 라듐은 끊임없이 붕괴되어 라돈(가스)으로 되는데. 약 1만 6,000년 동안 방사선(알파, 베타, 감마선)을 쏟아내고 나면, 라듐의 양은 절반으로 감소된다고 계산했다. 이때 나오는 방사선은 바로 '원자의 에너지'였던 것이다.

방사선을 내는 새로운 물질의 발견에 대한 퀴리 부부의 논문은 세상의 과학자들을 놀라게 했다. 1903년, 마리와 피에르 그리고 헨리 베크렐 3인은 방사성 현상에 대한 연구 공적으로 노벨 물리학상을 공동 수상했다. 그리고 1911년에는 마리 퀴리 혼자 폴로늄과 라듐의 발견에 대한 공로로 노벨 화학상을 다시 받게 되었다. 마리 퀴리는 위대한 과학자인 동시에 여성이었다. 라듐에서 나오는 방사선은 곧 의학에서 암 치료에 이용되기 시작했다. 그러나 퀴리는 라듐에 대한 특허권을 갖는 것을 거부하고 인류를 위해 자유로 사용토록 했다. 퀴리 부인은 장기간 실험하면서 방사선을 많이 쬐인 탓으로 백혈병이 발병하여 66세에 세상을 떠났다.

20세기 원자력 시대의 시작

아이자크 뉴턴(Isaac Newton, 1643~1727)이 중력의 법칙을 발표한 후, 거의 200년이 지난 1860년대에 영국의 물리학자 제임스 클러크 맥스웰은 전기력과 자기력을 포함한 전자기의 방정식을 발표했다. 1890년대 말에 이르렀을 때, 과학자들은 우주를 지배하는 두 가지 힘 즉, 중력과 전자기력에 대해서는 더 이상 알 것이 없도록 모두 알아냈다고 생각했다. 당시의 유명한 물리학자였던 앨버트 마이컬슨은 "이제 자연의 기본 원리는 대부분 밝혀졌다."고 말하기도 했다.

그러나 그로부터 10여년이 지나자 상황은 완전히 달라지고 말았다. 천재 과학자 알베르트 아인슈타인(Albert Einstein, 1879~1955)이 1905~1915년 사이에 특수상대성 이론과 일반상대성 이론을 발표한 것이다. 그는 이론 속에서 중력, 전자기, 빛, 시간, 공간을 하

나로 다루었다. 이로써
19세기의 고전 물리학
의 시대는 20세기의
양자역학(量子力學) 시
대로 들어가게 되었다.

20세기 초부터 일부
과학자들은 물질의 기
본 구조와 성질을 밝
히려는 '양자 이론'(量
子理論,   quantum

아인슈타인은 현대물리학 발전에 가장
큰 공헌을 한 과학자이다.

theory)을 연구하기 시작했다. 당시 물리학에서는 그간
의 물리학 이론(고전 물리학)으로 설명할 수 없는 '빛
의 성질'이 큰 수수께끼였다. 빛이 가진 이런저런 성
질에 대해서는 어떻게도 설명할 수 없었던 것이다.

예를 들어 "태양의 빛(에너지)은 연속적인 것인가
비연속적인 것인가?" 하는 의문부터 풀어야 했다. 독
일의 물리학자 막스 플랑크(Max Planck, 1858~1947)는
이 문제에 가장 먼저 접근하여, 빛에너지는 비연속적
인 것이라 생각하고, 빛에너지의 최소 단위를 양자(量
子 quantum, 복수는 quanta)라고 했다. 막스 플랑크의
양자 이론(Quantum Theory of Max Planck)은 곧 다른
과학자들의 인정을 받게 되었으며, 1905년에는 아인
슈타인이 이 이론을 응용하여 광전효과(光電效果
photoelectric effect)를 발표했다. 즉 아인슈타인은 막스

플랑크의 양자 이론을 기초로 '빛은 입자(광자라 부름)의 흐름'이라고 생각했으며, 광전효과는 광자를 흡수함으로써 나타난다고 했다.

막스 플랑크의 양자 이론은 양자 물리학, 양자 역학을 탄생시켰다. 그는 2차 세계대전 동안 반 나치주의자였지만, 고령 때문에 히틀러에 대항하지 못하고 있었다. 그는 히틀러 정권 아래에서 카이저-빌헬름 연구소(오늘날의 막스 플랑크 연구소)의 소장으로 지냈다. 그는 죽기 몇 달 전, 유대계 친구들에게 자신의 유감스런 그간의 사정을 편지로 보냈다. 그러나 평소 그와 친했던 아인슈타인은 히틀러에 강력하게 항거하지 못한 플랑크를 못마땅하게 여겨 그와 접촉하지 않았다.

원자의 에너지 공식 $E = mc^2$

20세기의 시작을 전후하여 방사선원소와 방사선의 정체가 알려지고, 원자의 구조가 밝혀졌으며, 러더퍼드의 핵에너지 이론이 나왔다. 이러한 시기에 베른의 특허국 기술전문가로 근무하던 26세의 알베르트 아인슈타인(Albert Einstein, 1879~1955)은 1905년에 특수 상대성 이론을 발표하여 과학계를 놀라게 했다. 그는 이때 수많은 과학 방정식 가운데 가장 유명하다고 할 '물질이 가진 에너지에 대한 공식'을 발표했다.

그는 "물체가 가진 에너지(E)는 물체의 질량(m)에 빛의 속도(c) 제곱 값을 곱한 것이다."라는 공식을 발표하면서, "조건이 주어지면 물질과 에너지는 서로 바뀔 수 있다."고 했다. 이 위대한 공식은 그의 특수 상대성 이론에서 비롯된 것이다.

$E = mc^2$에서,

E(에너지)는 줄(joule)이고, 질량 m은 킬로그램이며, c는 빛의 초속을 미터로 나타낸다. 그러므로

물질 1kg의 에너지 $= 1 \times 300,000,000 \times 300,000,000$ joule이며.

이것은 TNT 20,000,000톤의 에너지에 해당한다.

이 공식을 처음 생각한 아인슈타인은 한동안 공식의 사실 여부에 대해 확신을 갖지 못하기도 했다. 그리고 많은 과학자들은 물질을 에너지로 변환시킬 수 있다 하더라도, 그 정도로 엄청난 양의 에너지가 나오지는 않을 것이라고 생각했다. 그러나 러더퍼드의 원자 분열 실험이 있은 후 생각은 바뀌기 시작했다.

히로시마에 투하된 원자폭탄은 TNT 15,000톤의 위력이었다. 이로써 이 공식의 진실은 증명되었다. 그리고 최초의 원자탄이 폭발한 그날로부터 오늘의 원자력시대가 열리게 되었다.

1945년에 일본 나가사키에 투하된 원자폭탄의 구름이 지상 18,000m 높이까지 솟아오르고 있다.

거듭 발견되는 원자의 신비

　미국이 극비로 원자탄을 제조한 '맨해튼 계획' 때 최초의 원자로(原子爐) 개발을 담당했던 이탈리아의 물리학자 엔리코 페르미(Fermi, Enrico, 1901~1954)는 로마에서 태어났다. 어려서부터 물리학과 수학을 좋아했던 그는 피사 대학에서 박사학위를 받았으며, 한때 독일에 유학했다가 24세 때 로마대학의 물리학 교수가 되었다.

　그는 대학 재학 중에 아인슈타인의 상대성 이론을 알게 되었으며, 새로운 핵물리학과 양자역학을 접하게 되었다. 또한 그는 아인슈타인의 방정식 속에 숨겨진 엄청난 에너지에 대해 주목하게 되었다. 1932년 캠브리지 대학의 물리학자 제임스 채드윅

이탈리아의 물리학자 엔리코 페르미는 최초의 원자로를 개발했다.

(Chadwick, James, 1891~1974)이 중성자를 발견하자, 페르미는 이 중성자에 관심을 가졌다. 중성자는 양성자나 전자와 달리 전기를 띠지 않은 핵의 입자이므로, 중성자를 핵에 충격하면 전자에 끌려가거나 원자핵의 양성자와 반발하지 않아 핵 안으로 들어갈 수 있으리라 생각한 것이다. 채드윅은 중성자를 발견한 공로로 1935년에 노벨 물리학상을 수상했다.

같은 시기에 캠브리지에서 러더퍼드의 지도를 받던 학생 콕크로프트(John Cockcroft, 1897~1967)와 월턴(Ernest Walton, 1903~1995)은 리튬(Li, 원자번호 3)의 핵에 양성자(수소의 핵)를 빠른 속도로 충돌시켜 그 핵을 깨트려보려고 했다. 이 실험에서 그들은 1개의 리튬 핵이 깨지면 2개의 헬륨 핵으로 변하는 것을 발견했다.

이 실험은 원자의 핵을 깨뜨릴 수 있음을 증명한 것이다. 이 발견으로 두 사람은 1951년에 노벨 물리학상을 수상했다. 그들이 실험에 사용한 리튬은 수소와 헬륨 다음으로 가벼운 은백색의 부드러운 금속이며, 금속 중에서 가장 가볍다. 리튬은 리튬건전지의 원료로 많이 쓰인다.

1934년 1월에는 프랑스의 물리학자 프레데릭 졸리오(Frederic Joliot, 1900~1958)와 그의 부인 이렌 졸리오 퀴리(Irene Joliot Curie, 1897~1956)가 인공방사능을 발견했다고 발표했다. 그들은 알루미늄에 빠른 양성자(알파 입자)를 충돌시키자, 알루미늄이 방사선물질처럼 행동하는 것을 발견한 것이다.

이러한 새로운 발견들을 알게 된 페르미는 즉시 (1934년) 동료 과학자들과 함께 우라늄에 중성자를 충돌시켜 우라늄보다 무거운 인공원소(자연계에서 찾지 못한)를 만들려고 시도했다. 많은 실험 끝에 이 해 말, 페르미와 동료 과학자들은 속도가 느린(빠르면 핵을 투과해버린다) 중성자를 충돌시켜 인공방사선 원소 생산 방법에 대한 특허를 신청했다.

페르미는 방사선의 하나인 베타선에 대한 이론도 완성했다. 그는 <베타선에 관한 가설>이란 제목으로 영국의 과학 잡지 <네이처>(Nature)에 투고했다. 그러나 <네이처>의 편집자는 '내용이 현실과 거리가 멀다'는 이유로 게재를 거절했다. 부득이 그는 이탈리아와 독일에서 논문으로 발표했다. 페르미의 논문이 매우 훌륭하다는 것을 뒤늦게 알게 된 <네이처>는 1939년 1월에야 게재했다.

페르미는 중성자 충돌 실험을 할 때, 우라늄의 핵 일부가 분열하여 베타선을 방출하면서 우라늄보다 가벼운 원소로 변하고 있었지만, 그들은 이 사실을 알지 못했다. 페르미는 중성자로 인공 원소는 만들 수 있어도, 핵분열을 일으킬 수 있으리라고는 예견치 못하고 있었던 것이다. 페르미가 미처 생각지 못한 일은 또 있었다. 히틀러 정권하의 독일 과학자 오토 한

(Otto Hahn)과 프리츠 슈트라스만(Fritz Strassman)이 페르미의 논문으로부터 아이디어를 얻어 우라늄의 원자핵을 분열시키는데 성공하도록 만들었다는 사실이다.

제 3 장
원자폭탄 개발의 뒷이야기

제2차 세계대전의 전운(戰雲)

　1935년에 이르자, 이탈리아의 무솔리니는 에티오피아를 침공하는 등, 유럽의 정국을 매우 불안하게 이끌어 갔다. 페르미는 반파시스트였으므로, 파시스트의 제복을 입지 않았으며, 파시스트 식으로 경례하기를 거부했다. 더군다나 그의 부인 로우라 페르미(Laura Fermi, 1907~1977)는 유대인이었다. 이탈리아에서도 반유대인법이 의회를 통과하자, 무솔리니는 1938년부터 유대인 배척운동을 벌렸다. 대학의 연구실 사정도 악화되고, 가족의 위험을 느낀 페르미 부부는 1931년과 1939년에 태어난 딸과 아들을 데리고 이탈리아를 떠나 미국으로 이민할 작정을 하고 있었다.

　노벨상 수상 통보를 받은 페르미는 시상식에 참석하기 위해 스웨덴으로 가는 시기를 탈출의 기회로 삼았다. 로마에서 태어나 그곳에서 자라고 공부하고 교수가 된 페르미에게 조국을 떠난다는 것은 가슴 아픈 일이었다. 그는 이미 미국의 몇 대학에 비밀리 편지를 보내 교수직을 찾고 있었다. 5개의 미국 대학에서 그에게 자리를 제의해왔다. 페르미는 그 중에서 뉴욕의 컬럼비아 대학을 택했다.

　37세의 페르미는 1938년 12월 10일, 알프레드 노벨(Alfred Bernhard Nobel, 1833~1896)의 기일에 수여되는

노벨상 수상식에 이탈리아 정부의 의심을 받지 않고 가족과 함께 참여했다.

"중성자 충돌로 만들어진 새 방사성 원소의 확인 및 감속 중성자로 원자핵을 분열시킬 수 있다는 사실을 발견한 공로를 높이 사 로마 대학의 엔리코 페르미 교수에게 이 상을 드립니다." 시상식에서 발표된 그의 연구 공적이었다.

시상식을 마친 그 길로 페르미 가족은 미국으로 탈출했고, 페르미는 컬럼비아 대학 교수가 되었다. 그의 탈출을 전후하여 이탈리아와 다른 여러 나라의 과학자들도 미국으로 건너와 자리를 잡았다. 페르미가 미국에 온 2주일 후인 1939년 1월 16일에는 덴마크 코펜하겐 대학의 물리학자 닐스 보어(Niels Bohr, 1885~1962) 교수도 불안한 유럽을 떠나 미국으로 건너와 프린스턴 대학 교수가 되었다.

페르미와 그의 동료들이 1934년에 로마에서 우라늄에 중성자를 충격하는 실험을 했을 때, 원자번호 93인 새 원소가 만들어졌을 가능성이 있었다. 그러나 이때는 생겨나는 새 원소의 양이 너무 미량이어서 그것을 분리할 수 없었다.

당시, 유럽의 물리학자들은 서로 치열하게 연구 경쟁을 벌이고 있었다. 특히 영국의 어니스트 러더퍼드와 프랑스의 이렌 졸리오 큐리, 이탈리아의 엔리코 페르미, 그리고 베를린의 마이트너-한 이렇게 4개 연구팀의 경쟁은 대단했다.

우라늄의 핵분열 현상 발견

핵분열을 개척한 과학자는 여럿이다. 그 중에 독일의 화학자 오토 한(Otto Hahn, 1879～1968)과, 오스트리아 태생으로 뒷날 스웨덴으로 망명한 유대계 여성 물리학자 리스 마이트너(Lise Meitner, 1878～1968), 그리고 독일의 프리츠 슈트라스만(Fritz Strassmann, 1902～1980) 세 사람은 우라늄 핵분열을 연구한 대표적인 개척자이다.

리스 마이트너는 역사상 가장 위대한 여성 과학자 중의 한 사람이다. 오스트리아에서 태어나 비엔나 대학에서 1905년에 박사학위를 받은 그녀는 그 후 독일 과학자 막스 플랑크(Max Plank, 1858～1947)의 연구 조수가 되었다. 여기서 그녀는 오토 한과 함께 연구하면서 몇 가지 새로운 방사선물질을 발견했다. 1912년부터 마이트너는 오토 한과 베를린에 새로 생긴 빌헬름 카이저 연구소로 옮겨가 방사선화학을 연구하게 되었다.

1939년, 오토 한은 슈트라스만과 함께 방사성물질을 연구하던 중, 핵물리학 역사에서 놀라운 발견을 했다.

바륨에서 나오는 느리게 움직이는 중성자를 우라늄 핵에 충돌시키자 우라늄 핵이 깨어진 것이다. 그는 이 현상을 처음에는 잘 설명할 수 없었다. 그는 이 사실을 그와 함께 오래도록 연구해온 마이터너에게 편지로 알렸다.

며칠 뒤, 마이트너는 직접 이를 실험하여, 중성자를 흡수한 우라늄 핵이 바륨과 크립톤으로 쪼개지는 것을 관찰했다. 한편 그녀의 조카인 오스트리아 계 영국 물리학자 오토 로베르트 프리슈(Otto Robert Fritch, 1904~1979)에게도 이 사실을 알려 같은 실험을 해보도록 했다(1939년). 프리슈는 이 현상이 마치 세포의 핵이 나뉘는(fission) 것과 비슷하다 하여, '핵분열'(核分裂 nucleus fission)이라는 이름을 붙였다.

이들은 우라늄의 핵이 양분(兩分)될 때 엄청난 양의 핵에너지가 방출될 것이며, 두 파편은 각각 굉장한 속도로 날아간다는 이론을 완성시켰다. 이때 그들은 우라늄이 핵분열을 할 때 얼마나 막대한 에너지가 발생할 것인지 측정하는 실험 방법도 생각했다.

오토 한은 핵분열이 일어나는 화학적인 증거를 발표하는 논문을 마이트너와 공동 명의(名義)로 발표했다. 이 연구 업적으로 오토 한은 1944년에 노벨 화학상을 받았다. 공동 연구자인 마이트너는 함께 수상하지 못하고, 1966년에 핵물리학자에게 수여되는 영예로운 엔리코 페르미 상을 받았다. 과학자들은 1997년에 새로 발견된 원자번호 109번 인공원소에 그녀의 영예를 기려 '마이트네륨'(Meitnerium, Mt)이라는 이름을 붙였다.

미국으로 망명한 핵물리학자들

마이트너는 유대인이었다. 그러나 국적이 오스트리아였던 그녀는 나치 정권 하에서 얼마간은 유대인 추방령을 벗어날 수 있었지만, 오스트리아가 독일에 합병되자 위기가 찾아왔다. 결국 그녀는 더 이상 독일에 남아있지 못하게 되었다. 다행히 마이트너는 덴마크의 코펜하겐으로 탈출하는데 성공했다. 코펜하겐으로 건너온 그녀는 스톡홀름에 머물면서 이곳으로 자주 찾아오는 닐스 보어와도 공동 연구를 계속했다.

미국으로 오기 직전에 마이트너는 자신의 실험 결과를 그녀보다 먼저 미국에 와 있던 닐스 보어에게 전보(電報)로 알렸다. 이렇게 하여 우라늄의 핵분열과 연쇄반응에 대한 개념이 만들어졌고, 무한한 원자의 에너지원을 이용할 수 있는 가능성이 처음으로 눈앞에 드러나게 되었다.

"우라늄 원자 1개를 분열시키려면 1개의 중성자가 필요하다. 1개의 우라늄 원자가 붕괴되면 2개의 중성

자가 방출된다. 이 2개의
중성자는 다른 2개의 우
라늄 원자를 붕괴시켜 4
개의 중성자가 나오도록
한다. 다시 4개의 중성자
는 4개의 우라늄 원자를
붕괴하여 8개의 중성자를
방출토록 한다. 이것은
다시 8개의 우라늄 원자
를 분열시킬 수 있다. 이
처럼 중성자에 의해 원자
가 연쇄적으로 격렬하게
두 조각으로 갈라질 때는
막대한 양의 에너지가 방
출된다.”

컬럼비아 대학의 교수였던 어니스트
로렌스는 1929년에 사이클로트론(가
속기)을 발명했다. 그는 가속기 발
명과 이용에 대한 공로로 1939년에
노벨물리학상을 수상했다. 원자번호
103인 인공원소의 이름을 ‘로렌
슘’(Lawrencium)으로 한 것은 그의
영예를 기린 것이다.

닐스 보어는 이 새로운 소식을 페르미에게 알리기
위해 컬럼비아 대학으로 찾아왔다. 그러나 페르미가
자리에 없어 만나지 못한 보어는 컬럼비아 대학의 다
른 핵물리학자 허버트 앤더슨(Herbert. L Anderson,
1914~1988)에게 사실을 전했다. 놀라운 소식을 들은
앤더슨은 흥분했고, 그는 페르미를 만나자 마자 이 소
식을 전하면서, 컬럼비아 대학에 설치되어 있던 중성
자 가속(加速) 장치인 사이클로트론(가속기 accelerator)

을 사용하여 핵분열 실험을 우리가 먼저 추진하자고 강력하게 주장했다.

컬럼비아 대학의 사이클로트론은 어니스트 로렌스 (Ernest Orlando Lawrence, 1901~1958)가 처음 고안한 것이다. 훗날 로렌스는 가속기를 발명한 공로로 노벨상을 수상했다. 그리하여 페르미와 앤더슨을 비롯하여 피그럼, 더닝, 그리고 1938년에 헝가리에서 컬럼비아 대학으로 온 레오 질라드(Leo Szilard, 1898~1964), 월터 진 등은 우라늄의 핵분열 실험에 착수했다.

닐스 보어로부터 소식을 들은 2달 후인 1939년 1월, 컬럼비아 대학의 페르미를 비롯한 핵물리학자 팀은 미국에서는 처음 실시된 핵분열 실험에 성공했다. 연쇄반응 실험에 성공하자, 머지않은 장래에 원자 핵 속에 저장된 막대한 양의 에너지를 인간의 뜻대로 사용할 수 있는 가능성이 확연해졌다. 그러나 1939년 3월 당시의 세계정세는 평화와 거리가 멀었다. 그즈음 히틀러는 체코슬로바키아를 합병하고 제2차 세계대전을 일으킬 준비를 하고 있었다.

원자폭탄을 촉구한 아인슈타인-질라드의 편지

일본의 항복으로 제2차 세계대전이 끝나기 약 10일 전, 미국의 트루먼(Harry Shippe Truman, 1884~1972)

대통령은 놀라운 성명을 발표했다.

"지금부터 16시간 전에 미국의 항공기 1대가 일본의 중요한 군사기지인 히로시마에 폭탄 1개를 투하했다. 이것은 TNT화약 2만 톤 이상의 위력을 갖고 있다. ……일본은 진주만 습격으로 전쟁을 시작했으며, 이제 와서 그 수십 배의 보복을 받는 것이다. …… 그것은 원자폭탄이다. …… 우리는 일본 국내의 어떤 도시의 기능도 여지없이 신속하게 완전히 파괴해버릴 준비를 갖추었다."

1945년 8월 6일 오전 5시 15분에 3대의 B-29 폭격기가 히로시마 상공에 도착, 그 중 1대가 원자폭탄을 투하했다. 히로시마는 한순간에 지옥으로 변했다. 다시 8월 9일에는 나가사키에 원자폭탄이 떨어졌다. 일본은 진주만을 기습한지 1,342일만인 1945년 8월 15일 무조건 항복을 했다.

유대인이기 때문에 헝가리에서 미국으로 망명해온 레오 질라드는 컬럼비아 대학에서 실시한 핵분열 실험에 성공하자, 나치 독일이 핵분열을 이용한 원자폭탄을 서방 자유국가보다 먼저 만들어 승리하지 않을까 하는 공포를 느꼈다. 그는 이러한 사실을 미국 정부 고위층에 알려야 한다는 생각을 가지고 기회를 찾

고 있었다. 그는 헝가리에서 함께 망명해온 유진 위
그녀(Eugene Paul Wigner, 1902~1995)와 함께 당시 가
장 영향력 있는 과학자인 아인슈타인을 찾아가, 정부
고위층을 접촉하는데 협력해줄 것을 당부하여 약속을
받아냈다.

질라드는 독일에서 아인슈타인 지도로 석사학위를
받았으며 늘 그와 가까이 지냈다. 질라드는 핵분열의
가능성을 예상한 핵물리학자 중의 한 사람이다. 그는
1933년 9월경, 알파 입자(중성자)로 원자핵을 충격하
면 핵이 깨져 다른 원자의 핵으로 바뀔 수 있으며,
이때 막대한 에너지가 나올 것이고, 이 반응을 인공
적으로 천천히 진행시킨다면, 대규모 에너지를 얻는
하나의 새로운 방법이 될 것이라는 생각을 했다.

질라드는 핵분열 연쇄반응을 조절하는 실험을 하자
면 원자로를 건설할 필요가 있다고 생각했다. 그러나
그들에게는 원자로를 건설할 기자재와 넉넉한 양의
흑연을 구입할 비용이 문제였다. 그는 평소 잘 알고
지내던 경제학자이며 은행가로서 백악관을 자주 출입
하던 샥스(Alexander Sachs, 1893~1973)를 통해 대통령
에 접근하기로 생각했다.

1939년 8월 2일자로 작성된 '아인슈타인-질라드'의
편지는 샥스를 통해 그해 10월경 루즈벨트 대통령에
게 전달되었다. 내용은 질라드가 대부분 쓰고 끝에는
아인슈타인이 서명했다. 역사적으로 유명한 편지의

내용 일부는 이러하다.

"최근 내게 전달된 E. 페르미와 L. 질라드의 연구 보고는, 가까운 날 우라늄 원소를 새롭고 중요한 에너지로 전환할 수 있다는 기대를 갖게 합니다. 이 연구의 중요성을 각하에게 알리고 관심을 갖도록 하는 것은 나의 의무라고 믿습니다. 만일 그것이 인정된다면 빠른 행동을 촉구합니다. …… 이 현상은 매우 강력한 원자폭탄을 만들 수 있으며, 만일 원폭 1개를 선

레오 질라드(Leo Szilard, 1898~1964)는 헝가리에서 태어나 베를린에서 물리학을 공부했다. 이때 그는 아인슈타인과 막스 플랑크의 강의를 들었다. 1933년에 나치로부터 탈출하여 영국에 있다가 1938년에 뉴욕의 컬럼비아 대학으로 가서 페르미와 합류했다. 질라드는 1939년에 아인슈타인의 서명을 받은 편지를 루즈벨트 대통령에게 보내, 미국이 맨해튼 계획을 세워 원자탄을 만들도록 하는데 중요한 역할을 했다.

박으로 어떤 항구까지 운반하여 폭발시킨다면 항구 전체가 완전히 파괴되고 그 주위는 폐허가 될 것입니다. 그러나 이 폭탄은 비행기로 운반하기에는 너무 크게 될 것입니다. …… 독일은 그들이 장악한 체코슬로바키아 광산으로부터 우라늄 반출을 금지하고 있어, 독일에서도 핵무기 개발이 진행되고 있을 수 있다고 이해됩니다."

원자폭탄을 제조한 맨해튼 계획

이렇게 하여 루즈벨트 대통령은 '우라늄 자문위원회'를 설치하여 핵무기에 대한 조사를 하도록 했고, 1939년 말에는 4톤의 흑연과 50톤의 산화우라늄을 구입할 자금을 제공했다. 1942년 6월, 미국 육군은 새로운 관구(管區)를 설치하여 핵폭탄을 제조하는 특수임무를 시작했다. 이 관구를 '맨해튼 관구'라 불렀으며, 뒷날 '맨해튼 계획'으로 알려진 극비의 활동이 시작되었다.

1942년 12월, 시카고 대학에서 페르미가 이끄는 연구팀은 지속적으로 핵분열 연쇄반응을 일으키는데 처음으로 성공했다. 비밀을 지키기 위해 '야금 연구소'라는 익명으로 실시된 실험은 시카고 대학의 운동장 한 구석에 있던 작은 건물에서 시행되었다. 핵과학자들은 핵분열반응 속도를 조절할 수 있도록 만든 그 원자로를 파일(pile)이라 불렀다.

연쇄반응 실험 성공 후, 미국 대통령은 원자폭탄 생산 목표를 1945년 초로 결정했고, 핵과학자들은 원자로를 점차 개선해 갔다.

1942년 11월에는 뉴멕시코 주의 깊숙한 오지의 불모지 로스 알라모스에 원자폭탄 연구소 부지가 선정되었다. 캘리포니아 대학의 이론물리학자 오펜하이머

(J. Robert Oppenheimer, 1904~1967)는 1943년 3월에 이 연구소의 소장으로 취임했다. 오펜하이머 가족은 1888년에 독일에서 미국으로 이민했으며, 하버드 대학을 졸업한 뒤 영국의 캐번디시 연구소에서 러더퍼드의 지도를 받았다. 캠브리지 대학에서는 J. J. 톰슨 밑에서 공부하기도 했다.

로스 알라모스 연구소에는 미국 유명 대학으로부터 1,000명 이상의 저명한 과학자와 그 가족이 모여들었다. 그러나 외부 세계에서 이 연구소의 존재를 아는 사람은 극소수뿐이었다. 이 연구소에서 일하는 모든 사람은 전쟁이 끝나더라도 6개월이 지난 뒤 그곳을 나갈 수 있도록 약속되어 있었다. 그래서 이 연구소는 '노벨상 수상자의 강제수용소'라는 별명을 얻기도 했다. 로스 알라모스의 주요 과학자들은 원자탄에 사용할 핵탄두의 연료 플루토늄-239와 우라늄-235를 생산했다.

1945년 5월 8일에 독일이 항복하자 유럽에서의 전쟁은 끝이 났다. 장기간 전쟁에 시달려온 미국은 일본과의 전쟁도 하루 빨리 끝내고 싶었다. 6월 말이 되자, 원자탄 제조 총책임자이던 그로비스(Leslie Richard Groves, 1896~1970) 장군은 핵탄두의 원료(우라늄-235)를 2주 이내에 제공해달라고 호소했다. 이 목표는 달성되었다. 최초의 원자탄 폭발실험은 7월 16일에 하기로 되었다.

최초의 원자폭탄 실험

뉴멕시코 주 사막 가운데 있는 공군기지에 100여명의 과학자와 관계자들이 최초로 실시되는 원자폭탄의 폭발 순간과 그 위력을 목격하기 위해 왔다. 폭발하는 순간, 그 빛은 새벽을 낮보다 밝게 비추었으며, 무서운 폭음이 연속되고, 강력한 폭풍이 휩쓸며 밀어왔다. 거대한 구름은 12,000m 높이까지 피어올랐으며, 하늘은 금색, 진홍색, 보라, 회색, 푸른색 등으로 물들었다. 이렇게 해서 원자폭탄의 첫 실험은 성공했다. 다음은 이것을 비행기로 일본까지 운반하여 투하하는 일이었다.

원폭이 제조되고 있는 동안 원자탄 사용에 대한 정책적 문제가 논의되고 있었다. 1945년 4월 12일에 루즈벨트 대통령이 갑자기 세상을 떠나자, 부

맨해튼 계획의 과학연구 책임자였던 오펜하이머는 '원자폭탄의 아버지'로 불리기도 한다. 전후 그는 미국 원자력위원회의 수석 고문이 되었으며, 핵무기 감축을 위해 노력했다.

통령이던 트루먼이 대통령직을 계승했다. 이전까지 부통령이었던 트루먼도 원자탄에 대해서는 한마디도 들어본 적이 없었다.

원자폭탄이 사용되고 나면, 국제적으로 큰 영향을 미칠 것이 예상되었다. 이 문제를 논의하기 위해 결성된 위원회에는 콤보, 로렌스, 페르미, 오펜하이머 등의 과학자들이 참여했다. 5월 말, 이 위원회의 과학자들은 다음과 같은 내용을 만장일치로 결정했다.

"최대한의 심리적 효과를 얻을 수 있도록 인구밀도가 높으면서 군사적으로 중요한 목표에 대해 사전 경고 없이 조속히 공격한다."

일본은 계속된 패전으로 기진맥진해 있었다. 7월 25일, 미국의 군사명령이 내렸다. 8월 3일 이후 기상 조건이 좋으면 지정된 4개 목표 중 하나에 원자탄을 투하하라는 것이었다. 몇 날이 흘렀다. 8월 6일, 우라늄-235를 원료로 만든 폭탄이 히로시마에 투하되었다. 그 폭탄은 '리틀 보이'라는 별명을 갖고 있었다.

8월 9일에는 팻맨(Fatman)이라는 별칭을 가진 플루토늄-239를 원료로 제조한 폭탄이 떨어졌다. 제3탄은 8월 15일 경에 완성될 예정이었다. 이때, 일본이 무조건 항복할 의사가 있다는 상황이 스위스 정부를 통해 미국에 전달되었다. 일본에 떨어진 2개의 원자폭탄은 총 120,000명의 시민을 죽였으며, 그 보다 더 많은 사람이 폭발 시에 입은 부상과 방사선 병으로 죽었다.

나가사키에
투하된 원폭 팻
맨의 핵심에는
우라늄-235대신
플루토늄
-239(Pu-239)가
들어 있었다.
원자번호가 94
(우라늄은 92)인
플루토늄은 자
연계에 극미량
존재하기 때문

플루토늄-239를 핵심으로 사용하여 만든 이 원자
폭탄은 우라늄-235를 핵심으로 사용한 리틀보이에
뒤이어 나가사키에 투하되었다. 플루토늄-239는
우라늄-235보다 핵분열을 더 잘하기 때문에 소량
의 임계량으로 폭발이 가능하다. 러시아가 만든
첫 원자폭탄의 모양은 이 팻맨을 거의 닮았다.

에 발견조차 어렵다. 그러나 1940년에 캘리포니아 대
학의 시보그(Glenn T. Seaborg, 1912~1999)와 맥밀런
(Edwin McMillan, 1907~1991)이 U-238에 중수소를 충
격시켜 합성하는데 성공하였으므로, 이후 인공합성으
로 대량생산이 가능하게 되었다. 이에 대한 공로로
두 과학자는 1951년에 노벨 화학상을 수상했다.

플루토늄에는 6가지 동위원소가 있다. 그 중에
Pu-239는 느린 속도로 중성자를 충격하면 강력한 방
사선(감마선)과 중성자를 방출하면서 연쇄반응에 참여
하게 된다. Pu-239의 반감기는 24,110년이고 U-235로
변한다.

우라늄을 동그란 공 모양이 되도록 하여 폭탄으로

제조했다고 가정했을 때, 원자탄이 연쇄반응을 일으키려면 최초의 핵분열에서 나오는 중성자가 다른 우라늄에 흡수되어야 한다. 그러나 공이 작을 때는 중성자가 전부 흡수되지 않고 일부가 공 밖으로 탈출하게 되므로 핵분열을 일으키지 못한다. 이때 우라늄의 양이 많으면 중성자들은 공을 탈출하기 전에 핵분열을 일으킬 수 있다. 그러므로 우라늄 공의 반경은 어느 일정 크기 이상 되도록 만들어야 연쇄반응이 지속될 수 있다. 이러한 핵물질 공의 부피를 '임계부피' 또는 '임계질량'이라 한다.

만일 우라늄 공 둘레를 중성자를 잘 반사하는 물질로 둘러싸주면 중성자의 탈출이 감소되어 임계질량이 좀 작더라도 폭탄이 될 수 있다. 만일 임계질량으로 만든 우라늄 공을 두 쪽으로 나누어 둔다면, 이 폭탄은 연쇄반응을 일으키지 못한다. 그런데 임계질량 이상의 부피를 가진 우라늄 공이 있다면, 우주방사선 등의 영향으로 자연 점화되어 핵폭발을 일으킬 위험이 있다. 그러므로 원자폭탄은 연쇄반응이 충분히 일어날 양의 우라늄을 2개 부분으로 분리해두었다가 폭발시킬 때 급히 합해주어 폭탄이 되도록 한다.

원자탄(우라늄-235)의 임계질량이 어느 정도인지 개발 초기의 계산 때에는 2~100kg으로 추산되었으나, 나중에 임계질량은 약 30~40kg(반경 약 8cm)으로 계산되었다. 이런 핵폭탄을 터뜨린다면 우라늄 핵이 가진 에너지의 1~5%가 방출된다. 최초로 만들었던 핵폭탄 리틀보이의 경우, 1kg 당 TNT 약 20,000톤의 폭발 에너지를 방출한 것으로 알려져 있다.

실측된 원자폭탄의 위력

'폭발'이라는 말은 좁은 공간에서 대량의 에너지가 갑자기 방출되는 현상을 말한다. 그런데 원자폭탄을 만드는 일은 그리 간단치가 않다. 원자폭탄은 연쇄반응이 시작되는 초기에 그 에너지가 너무 커서 반응을

1962년에 실시한 지하핵실험 때 깊이 100m, 폭 390m의 폭발공이 생겼다.

완전히 일으키지 못한 상태에서 폭발이 일어나면, 연료가 흩어져버려 불발탄이 되거나 아주 효율이 나쁜 폭탄이 되고 만다.

원자탄이 폭발하는 데는 약 100만분의 1초가 소요되었다. 이때 내부 온도는 1억도에 이르고, 그 압력은 수백만 기압이 되었다. 1,000분의 1초가 지나자, 원폭은 주변의 흙과 암석을 녹이고 증기 상태로 만들어 직경 30m, 온도 30만도 정도의 화구(火球)를 형성했고, 1초 후에는 화구의 직경이 약 100m, 주변 온도는 약 7,000도에 이르렀다. 이후 이런 상태가 고속으로 사방 퍼져나갔다. 주변의 공기 온도가 급상승하고 팽창하면서 흙먼지와 수증기로 이루어진 구름이 형성되었다. 약 4분 후, 구름은 대류권 상부까지 올라갔고, 여기서 직경 약 3km의 버섯구름으로 변했다.

핵탄두의 폭발규모를 나타내는 단위로는 메가톤(megaton)을 쓴다. 1메가톤은 TNT 1,000,000톤이 폭발하는 위력을 나타낸다. TNT는 트리니트로톨루엔(trinitrotoluene)이라는 화합물을 원료로 제조하는 폭탄이다. TNT의 폭발 규모는 킬로톤 또는 메가톤으로 나타내는데, 대규모의 파괴적 에너지를 표현할 때는 메가톤을 사용한다. 즉 운석이 지구 표면에 충돌한 위력이라든가, 태풍의 위력을 표현할 때 흔히 쓴다.

일반적으로 잘 알려진 다이너마이트는 알프레드 노벨(Alfred Nobel, 1833~1896)이 니트로글리세린을 주원료로 하여 발명한 폭탄이다. 1867년에 특허를 얻었던 노벨의 다이너마이크는 폭발력이 TNT보다 60% 정도 더 강하면서도 안전하게 사용할 수 있다.

핵탄두가 폭발하면 그 에너지가 폭풍을 일으키고 엄청난 충격파(폭압)를 만든다. 또한 고열과 함께 강력한 방사선이 방출된다. 이 중에 폭풍과 충격파의 에너지가 절반을 차지하는데, 충격파는 초음속으로 진행하는 압축공기이다. 이러한 폭풍과 충격파는 주로 건물이나 건축물에 피해를 주고, 인체에는 직접적인 효과가 적다. 그러나 만일 폭압이 강한 위치에 사람이 있다면 고막이 터질 것이다.

실험 결과에 의하면, 원자탄의 폭풍 효과는 지상 약 150m 높이에서 터졌을 때 가장 강력하게 나타나고, 그보다 낮은 지점에서 폭발하면 지상에 거대한 화구(火口)를 만든다. 그리고 지하 210m의 모래땅에서 TNT 100킬로톤 급을 폭발시키면 직경 400m, 깊이 120m의 폭발구가 생겨난다.

10킬로톤의 핵폭발이 있으면, 폭발지점으로부터 반경 3.2km 이내에 있는 사람은 그 자리에서 생명을 잃는다. 그 다음에는 초속 약 80m의 강력한 폭풍이 덮쳐온다. 핵폭발 시에 방출되는 열선(熱線)은 빛의 속도로 공기 중으로 전달되면서 인체에 화상을 입힌다. 원폭이 폭발하는 순간의 밝기는 $1cm^2$당 약 1억 촉광을 넘는다. 이러한 광도는 16km 밖에 있는 사람의 눈을 아주 또는 일시적으로 멀게 할 정도이다.

계속된 수소폭탄의 개발

태양과 별에서 나오는 막대한 에너지가 수소의 핵융합반응에 의해 발생한다는 사실을 이론적으로 처음 발표한 사람은 독일계 미국 물리학자 한스 알브레흐트 베테(Hans Albrecht Bethe, 1906~2005)이다. 1938년, 그는 다음과 같은 수소의 핵융합 이론을 발표했다.

"별의 표면에서 방사되는 엄청난 에너지와 빛은, 가장 가벼운 원소인 수소의 핵이 높은 온도에서 핵반응을 일으킨 결과로 발생한다. 대부분의 별은 약 75%의 수소와 23%의 헬륨, 그리고 2%의 기타 물질로 이루어진 둥그런 가스 덩어리이다. 별에서는 4개의 수소 핵이 융합(融合 fuse)하여 1개의 헬륨 핵이 만들어지고, 이때 수소 질량의 1%가 엄청난 에너지로 변한다. 이 융합반응에는 탄소(C)와 질소(N) 및 산소(O)가 촉매작용을 하는데('CNO 사이클'이라 부름), 그 동안 세 원소는 융합반응을 도울 뿐 소모되지는 않는다."

베테의 핵융합 이론은 다른 과학자들로 하여금 원자폭탄보다 더 강력한 수소폭탄을 개발하도록 자극했다. 그는 태양의 에너지 이론을 밝힌 공적으로 1967년에 노벨 물리학상을 받았다. 베테와 거의 같은 시기에 독일의 물리학자 칼 폰 바이재커(Carl von Weizsäcker, 1912~2007)도 별에서 일어나는 핵융합 이론을 세우고 있었다.

1942년 말, 원자탄 연구에 종사하던 물리학자들은 원자탄이 터질 때 발생하는 고

베테는 독일의 물리학자였으나 히틀러가 정권을 잡자, 1937년 미국으로 이민했다. 그는 제2차 세계대전 동안 로스 알라모스 연구소에서 이론 물리학 분과의 수석 과학자로 일했으며, 수소의 핵융합반응 이론을 최초로 발표했다.

열을 이용하면 중수소를 융합시키는 수소폭탄을 만들 수 있으리라고 생각했다. 그러나 당시에는 원자탄 개발 때문에 수소탄에 대해서는 연구할 겨를이 없었다.

수소폭탄 제조가 가능하도록 만든 과학자는 오스트레일리아 출신의 물리학자 마르쿠스 올리판트(Marcus Oliphant, 1901~2000)이다. 그는 최초로 핵융합(核融合 nuclear fusion) 반응 실험을 성공시켰으며, 원자폭탄 개발 계획에서 주역을 담당한 일원이기도 하다. 그는 또한 헬륨의 동위원소인 헬륨-3(helion)과, 수소의 동위원소인 3중수소(tritium)를 발견한 과학자이기도 하다.

의학을 공부하던 그는 1925년에 뉴질랜드의 물리학자 러더퍼드의 강연을 듣고는, 전공을 바꾸어 영국 캠브리

대전이 끝나자 올리판트는 오스트레일리아로 돌아갔고, 1959년 기사 작위를 받았으며, 98세 때 세상을 떠났다.

지 대학 캐번디시(Cavendish) 연구소에 입소했다. 이곳에서 그는 최고의 핵물리학자 중 한 사람이 되었으며, 1932년에는 직접 복잡한 입자가속기를 만들기도 했다.

수소의 핵은 1개의 전자와 1개의 양성자로 구성되어 있다. 그런데 자연계의 물 분자 중에는 수소 원자의 약 0.015%가 1개의 전자와 2개의 양성자를 가진 '중수소'(重水素 deuterium, ^2H) 상태로 존재한다. 이러한 중수소를 처음(1931년) 검출한 과학자는 미국의 헤

럴드 유리(Harold Urey, 1893∼1981)였다.

　캐번디시 연구소에서 올리판트는 중수소에 중수소를 충돌시키면 중성자 1개를 더 가진 새로운 동위원소인 삼중수소(tritium, triton, T, ^3H)가 생겨난다는 사실을 1934년 발견했다. 삼중수소는 방사능을 가지며, 그 반감기는 12.32년이다. 그리고 삼중수소를 핵융합하면 헬륨-3(helion)이 생겨나면서 막대한 에너지가 나온다는 것을 그는 확인했다. 그의 이 연구는 바로 수소폭탄을 만드는 기초가 되었다. 제2차 세계대전이 일어나자, 그는 미국으로 이민하여 1941년부터 맨해튼 계획에 참여했고, 우라늄-235를 정제(精製)하는 기술을 확립하는 작업에 일조했다.

강국들의 수소폭탄 경쟁

　최초의 원자폭탄이 투하되고 1년 후부터 미국은 남태평양의 비키니 산호섬 부근에서 수차례 핵무기 실험을 계속했다. 그런데, 놀랍게도 1949년 8월에 러시아가 핵폭탄을 비밀리 개발하여 첫 실험에 성공했다. 미국으로서는 너무나 놀라운 일이었다. 핵무기는 미국만의 전용물이 아니었던 것이다. 이때부터 세계의 강국들 간에 치열한 핵무기 개발경쟁이 시작되었다.

　러시아가 최초의 핵실험에 성공하자, 미국의 군사

관계자들은 러시아를 앞지르기 위해 원자탄보다 더 강력한 수소폭탄을 만들 것을 트루먼 대통령에게 간청했다. 이러한 수소폭탄 개발 이야기가 나오자, 맨해튼 계획의 책임자였던 오펜하이머는 기술적인 불확실성, 비용 등을 이유로 그 개발을 반대하는 입장이었다.

그러나 에드워드 텔러(Edward Teller, 1908~2003)와 울람(Stainslaw Ulam, 1909~1984)을 비롯한 일부 물리학자들은 미국에 대해 위협적인 다른 국가에 대비하여 수소폭탄을 먼저 개발해야 한다고 주장했다. 1950년 1월, 트루먼 대통령은 수소폭탄 개발과 원자폭탄의 개량을 지시했다.

텔러는 헝가리 태생의 유대인으로, 1930년대에 미국으로 들어와 원자탄 개발에 참여했고, 울람은 독일에서 태어난 폴란드 계 유대인 수학자이다. 그는 1938년에 미국으로 와 위스콘신 대학의 교수가 되었다. 그의 가족은 불행히도 유대인 대학살 때 죽었다. 그는 위스콘신 대학에서 갑자기 종적을 감추었는데, 아무도 모르게 로스 알라모스에서 맨해튼 계획에 참여하고 있었던 것이다.

원자탄의 위력에 공포를 느낀 세계는 더 이상 핵무기를 사용해서는 안 된다고 생각했다. 1950년 3월, 스톡홀름에서 열린 '세계평화애호대회'에서는 '원자 병기를 사용하는 것은 인류의 자살행위이며, 인류에 대한 범죄'라고 선언했고, 이 선언은 큰 호응을 얻었다. 그럼에도 불구하고 미국은 적대국이 수소폭탄을 앞서 갖게 될 가능성에 대비하여 막대한 예산을 들여 핵무기 개발을 계속했다.

수소폭탄 개발 계획은 아이비 마이크(Ivy Mike)라는 암호명으로 비밀의 로스 알라모스 연구소에서 진행되었다. 이때부터는 거대한 컴퓨터도 동원되었다. 3중수소는 원자로 속에 리튬(Li)을 넣어야 생산되고, 3중수소와 중수소의 핵을 융합하려면 우라늄-235를 연소시켜 고열을 얻어야 했다.

미국의 수소탄 구조는 중심부에 재래식 원자폭탄을 설치하고, 그 주위를 중수소화리튬(Li^2H)으로 싼 것을 다시 천연 우라늄-238로 둘러싼다. 중심부의 원자탄이 폭발하면 중성자(n)가 나오면서 리튬을 삼중수소(^3H)와 헬륨(^4He)으로 만든다. 이때 생겨난 3중수소는 중수소(^2H)와 충돌하여 헬륨이 되면서 에너지를 방출한다.

$$^2H + {}^2H \rightarrow {}^3H + n$$
$$^6Li + n \rightarrow {}^3H + {}^4He$$
$$^3H + {}^2H \rightarrow {}^4He + n$$

위의 화학식처럼 삼중수소 1개와 중수소 1개가 융합하면 1개의 헬륨 핵과 중성자 1개가 발생하면서 아인슈타인의 방정식을 따르는 막대한 에너지가 방출된다. 이러한 핵융합반응을 촉발시키려면 섭씨 약 6,000만도 이상의 온도가 필요하다. 3중수소 1kg을 만드는데는 우라늄-235가 100kg 정도 소요된다고 하니, 이것은 수소폭탄 제조에 얼마나 많은 비용이 드는지 말해준다.

1952년 11월 1일, 미국은 드디어 수소폭탄을 완성하여 태평양의 산호섬 에니위탁(Aniwetak)에서 성공적으로 실험했다. '텔러-울람 디자인'으로 불리는 이 수소폭탄은 오늘날의 수소폭탄 보유국 5개 나라(미국 외 영국, 러시아, 프랑스, 중국)가 같은 원리의 디자인으로 제조한 것으로 알려져 있다. 에니위탁 섬에서 터뜨린 수소폭탄(Lulu라 불렀음)은 TNT 300만 톤(3MT급 수폭)의 위력이었으며, 폭발 때 섬이 완전히 사라져버

♀ 코발트탄(cobalt bomb)이란?

미국의 물리학자 레오 질라드가 제안한 핵융합폭탄의 하나이다. 자연계의 코발트는 원자량이 59(Co-59)이다. 만일 수소폭탄의 탄두 둘레를 코발트-59로 감싸고 폭발시킨다면, 대량의 중성자가 발생하여 코발트-60을 만들게 된다. 이 코발트-60은 인체나 다른 생명체에 치명적인 방사선(감마선)을 내는, 반감기 5.27년의 '죽음의 재'이다. 코발트-60은 감마선을 방출하면서 니켈-60으로 변한다.

코발트탄은 폭발 규모가 작더라도 방사선 때문에 장기간 큰 살상 효과를 낸다. 이론적으로 코발트-59 외에 금-197, 탄탈럼-181, 아연-64 등도 같은 효과를 내는 방사성 폭탄으로 만들 수 있다. 코발트탄이 실재로 개발되어 있는지 여부는 확실하지 않다.

미국이 실시한 최초의 수소폭탄 실험에서 버섯구름이 피어오르고 있다. 이 수소폭탄 개발계획은 '아이비 마이크'라는 암호명으로 진행되었다.

렸다.

그런데 1953년, 스탈린의 후계자로 등장한 몰로토프가 "소련도 수소폭탄을 개발했다."고 발표했다, 그런 발표가 나고 1주일 후, 북극해 랭길 섬 근처에서 강력한 폭발이 지진계에 탐지되었다. 당시 소련의 수소폭탄 성능은 미국보다 훨씬 앞선 것으로 판단되었다.

바로 다음 해인 1954년 3월, 미국은 태평양의 비키니 섬에서 소련의 것보다 더 위력적인 수소폭탄 실험에 성공했다. 이 신무기 1개는 뉴욕과 같은 대도시를 한 번에 잿더미로 만들 것이라는 평도 나왔다. 이 수소폭탄 실험 때, 비키니 섬에서 1,600km 거리에 있던 일본 어선의 어부들이 방사성 먼지(낙진落塵)를 맞고

심한 피해를 입어 세계적으로 물의(物議)를 일으켰다.

수소폭탄의 별칭 열핵폭탄

수소폭탄은 원자폭탄처럼 핵의 분열에 의해 위력이 발생하는 것이 아니고, 핵의 융합에 의해 에너지가 발생한다. 핵융합은 바로 태양에서 일어나는 반응 과정과 같은 것이다. 태양으로부터 오는 막대한 에너지는 매초 500만 톤 정도의 수소 핵이 융합하여 나오는 것이다. 태양은 전체 부피의 약 92%가 수소이다. 과학자들의 연구에 따르면, 태양은 약 50억 년 전에 탄

💡 더러운 폭탄(dirty bomb)이란?

핵무기는 폭발의 위력도 두렵지만 방사성물질의 피해도 매우 심각하다. 만일 인체에 치명적인 방사선 물질(예:세슘-137)을 일반적인 폭탄으로 싸서 폭발시키면, 방사성물질이 사방으로 흩어져 장기간 인명에 피해를 줄 것이다. 이런 목적으로 만든 방사성폭탄을 더러운 폭탄(dirty bomb)이라 한다.

더러운 폭탄은 테러집단이 사용할 염려가 있어, 911 테러 사건 이후 매우 경계하고 있다. 실재로 1995년에는 체첸 분리주의자들이 세슘-137을 모스코바 공원에서 폭발시키려 했으나 실현되지는 않았다. 만일 더러운 폭탄이 어디선가 사용된다면, 러시아의 체르노빌 원자력발전소에서 발생한 비극이 일어날 것이다. 그러므로 이 폭탄은 살상이나 파괴보다 심리적으로 공포를 주는 무서운 무기이다.

생했고 앞으로도 50억년은 더 수소를 태우며 핵융합 반응을 진행할 수 있을 것이라고 한다.

앞에서 나타낸 것처럼, 핵융합은 수소와 같은 가벼운 원소의 핵이 융합하여 무거운 원소(헬륨)로 될 때, 손실된 질량이 에너지로 변하는 것이다. 수소탄 제조에서 가장 어려운 문제는 그것을 폭발시키는 기폭제(起爆劑)를 만드는 것이다. 기폭제란 핵융합이 일어나도록 하는 높은 온도(섭씨 약 6,000만도 이상)를 얻는 장치이다. 현재의 방법으로 이 정도의 고온을 얻으려면 원자폭탄을 폭발시켜야만 한다. 그러므로 수소폭탄은 그 자체만 아니라 원자폭탄까지 겸하고 있다. 이런 수소폭탄이 폭발하면 가공할 열과 폭풍이 발생하며, 방사성 낙진이 생겨 주변의 물체만 아니라 물과 공기까지 방사성을 띠게 하므로, 그 오염성이 상상하기 어렵도록 크다.

수소폭탄을 흔히 열핵폭탄(thermonuclear bomb)이라 부르는 것은 폭발 시에 고온이 필요하기 때문이다. 미국이 비키니 섬에서 실험한 수소폭탄은 17MT 급이었는데, 이것은 히로시마에 투하한 원자폭탄의 850배에 해당하는 위력을 가지고 있었다.

수소폭탄이 발명되자, 사람들은 이것이 궁극의 무기일 것이라고 생각했다. 그러나 강대국들은 핵탄두의 수를 늘리고, 그것을 보다 멀리 운반하는 미사일을 개발하는 한편, 더욱 무서운 코발트탄, 3F탄(더러운 수폭), 중성자탄 등의 핵무기를 경쟁적으로 개발했다.

스파이가 만든 소련의 원자폭탄

　미국의 맨해튼 계획은 극비로 진행되었으나, 소련의 비밀경찰 스파이 조직(NKVD : 훗날 KGB)은 미국의 원자폭탄 개발에 대한 비밀을 상당히 알고 있었다. 소련의 독재 지도자 스탈린은 더 비밀스럽게 적극적으로 원자폭탄을 개발했다. 그리하여 한때는 미국보다 더 많은 핵무기를 보유하기까지 했다. 소련의 이러한 스파이 활동은 당시 소련 첩보기관의 고위 간부

💡 중성자탄(neutron bomb)이란?

　일반 원자폭탄은 살상력과 함께 강한 파괴력을 발휘한다. 1958년 미국 로렌스 리버모어 국립연구소의 물리학자 새뮤얼 코엔(Samuel T. Cohen, 1921~)은 같은 규모의 원자폭탄이면서 폭발력은 10분의 1이고 그 대신 고속의 중성자를 대량 방출하는 폭탄을 창안했다. 중성자탄(neutron bomb)으로 불리는 이 폭탄은 1963년에 미국 네바다 사막의 지하에서 첫 실험이 있었다.

　중성자탄은 건물이나 건축물에 대한 파괴력은 약하지만, 건물 속이나 장갑차, 지하 벙커 속으로 침투하여 인명에만 높은 살상력을 발휘한다. 그래서 '더러운 폭탄'에 반대되는 '깨끗한 폭탄'이라 불리기도 한다. 러시아는 1977년, 프랑스는 1980년에 중성자탄을 가졌으며, 중국도 보유하고 있을 것으로 짐작하고 있다.

구소련이 최초로 실시한 원자폭탄 실험 사진이다.

였던 파벨 수도플라토프(Pavel Sudoplatov. 1907~1996)
가 1994년에 쓴 <특수 임무(Special Tasks)>라는 회고
록을 통해 세상에 알려지게 되었다.

이오시프 스탈린(Joseph Stalin. 1879~1953)은 세계
역사상 가장 장기간 폭력적으로 권력을 행사했던 구
소련의 지도자이다. 그는 레닌이 죽은 1924년부터 소
련 공산당 서기장으로 권력을 잡은 후 1953년 죽을
때까지 소련을 공포 속에서 통치하면서 자유민주주의
국가를 위협했다. 스탈린이 죽자 그를 따르던 비밀경
찰의 책임자로 악명 높은 베리아(Lavrenti Beria)도 처형
되었다.

<특수임무>의 저자 수도플라토프는 베리아가 죽고
며칠 지나지 않아 유럽의 NATO 기구에 체포되었다.
그는 15년간을 미국의 감옥에서 지낸 후 1968년에 출
옥하여 자유인이 되었다. 다음 내용은 그의 회고록에
실린 이야기를 간추린 것이다.

1940년 초, 소련의 과학위원회도 우라늄을 원료로
원자폭탄 제조가 가능한지 검토했다. 그러나 이론적
으로는 가능하나 실제로는 불가능하다는 결론을 내렸
다. 당시, NKVD는 수백 명의 스파이를 미국과 유럽
각 나라에 침투시켜 외교관이나 과학자 등의 신분으
로서 필요한 정보를 수집했다. 그들은 미국 내의 공
산주의자라든가 핵물리학자들과 접촉하고, 소수는 그
토록 극비로 진행된 맨해튼 계획에 직접 참가하고 있
었다.

미국의 정보기관에서는 독일의 첩보활동 조사에만
골몰하고 소련에 대해서는 방심한 상태였다. 1941년
샌프란시스코의 한 소련 정보원은 미국의 원자폭탄
개발 계획을 탐지하고, 그 내용을 주미 소련대사관에
알렸다. 그 정보원은 노벨상 수상자들을 비롯한 아인
슈타인과 같은 뛰어난 과학자들이 한자리에 모이는
것을 주목한 것이다. 그는 오펜하이머와 그의 동료들
이 비밀 장소로 옮겨 핵무기를 연구하고 있으며, 미
국 정부는 여기에 막대한 예산을 할당하고 있는 것을

알았다.

미국에 있던 소련의 정보원 중에는 미리 심어둔 MIT 출신 과학자 외에 여러 정보원들이 암약하고 있었다. 이 시기에 수도플라토프는 독일의 핵개발 여부와 미국의 원자폭탄 개발에 대한 정보를 탐지하는 부서의 책임자가 되었다. 그는 입수한 정보를 모두 베리아에게 알렸고, 베리아는 스탈린에게 보고했다. 이때 베리아는 스탈린에게 소련도 핵무기를 개발할 것을 제안했다.

곧 스탈린의 지시에 따라 소련의 물리학자 이고르 쿠르차토프(Igor Kurchatov, 1903∼1960)에게 원자탄 개발 임무가 주어졌다. 그는 소련의 재능 있고 정열적인 과학자들로 팀을 구성했다. 1943년 초, 그들에게 페르미가 행한 연쇄 핵반응에 대한 극비의 문서가 입수되었다.

소련 정보부가 밀파한 미모의 폴란드 출신의 유대계 여인 엘리자베스는 상류층 여인으로 행세하며 여러 과학자의 부인들과 알게 되었다. NKVD는 교묘한 작전 끝에 클라우스 폭스라는 물리학자로 하여금 맨해튼 계획에 참여토록 하는데도 성공했다. 독일 공산주의자였던 폭스는 1941년부터 소련에 봉사하고 있었다. 폭스는 독일 수용소에서 탈출한 영국인 과학자로 행세했다.

1945년 히로시마에 원자폭탄이 투하된 며칠 후에는

최초의 원자폭탄 도면과 상세한 설명서가 그들의 손에 들어갔다. 이때의 문건은 이후 소련이 원자폭탄을 만들 때까지 가장 중요한 기초 자료가 되었다. 이때부터 소련은 우라늄을 찾기 시작했다. 그러나 소련에 매장된 우라늄광은 함량이 낮아 사용할 수 없었다. 마침 독일군으로부터 노획한 문서에서 불가리아의 소피아 근처에 양질의 우라늄이 다량 매장되어 있는 것을 알게 되었다. 소련은 불가리아에서 생산한 우라늄으로 1946년에 원자로를 성공적으로 만들었고, 1949년에는 원자폭탄까지 완성하여 실험에 성공했다.

미국이 10년이나 걸려 만든 원자탄을 소련은 스파이들의 힘으로 3년 만에 손쉽게 완성한 것이다. 그 결과 소련의 첫 원자폭탄은 미국의 첫 폭탄 '리틀 보이'를 많이 닮았다. 그러나 서방 세계에서는 누구도 이러한 사실을 알지 못하고 있었다.

폭스가 제공한 정보에 의하면, 미국은 매달 100kg의 우라늄-235를 생산하고, 20kg의 플루토늄을 생산할 수 있었다. 이 정보는 미국이 앞으로 보유할 수 있는 핵무기의 양을 짐작할 수 있게 했다. 소련은 꾸준히 원자폭탄을 만들면, 50년대 초에는 그들이 미국보다 더 많은 핵무기를 보유할 수 있다고 판단했다.

제2차 세계대전이 끝나자, 미국의 과학자들은 수소폭탄 개발 찬성자와 반대자로 갈려 논쟁을 하고 있었다. 이때는 페르미도 반대자 중의 한 사람이었다. 스파이 과학자 폭스는 오펜하이머의 신뢰를 받고 있었다. 그는 프린스턴 대학에서 함께 일하자는 오펜하이머의 제안을 물리치고 영국으로 건너갔고, 그는 계속하여 수소폭탄 제조에 대한 정보를 소련에 넘겼다. 이름난 영국의 정보국도 이를 알지 못했다.

이윽고 1950년에 폭스는 체포되어 그의 정체가 밝혀졌다. 이때 처음으로 소련이 개발한 원자폭탄과 수소폭탄에 대한 정보를 얼마큼 알게 되었다. 이미 소련은 미국보다 더 많은 핵무기를 보유하고 있었고, 미국은 1955년에야 소련보다 많은 핵무기를 갖게 되었다.

소련은 1949년 8월에 첫 원자폭탄 실험을 극비로 했다. 그러나 어떻게 알았는지 미국의 언론들이 곧 이 사실을 보도했다. 소련 정보 당국에서는 내부에 첩자가 있어 외부로 알려진 것이라고 소동을 일으켰다. 곤란에 처한 소련 과학자들은 서방의 비행기가 소련 상공에서 방사선을 측정하여 이를 알게 된 것이라고 해명하여 소란은 가라앉았다.

제2차 세계대전이 끝난 후 초기 냉전시대에 미국, 영국, 캐나다 사회에는 '원자 스파이'(atomic spy, atom spy)라는 말이 돌고 있었다. 핵무기에 관한 정보를 소련이나 적국에 전하는 스파이를 칭하는 말이다. 21세기 오늘에도 원자 스파이가 있다. 파키스탄의 원자탄 과학자 압둘 칸(Abdul Quadeer Khan, 1936~)은 원자탄 제조 정보를 북한과 이란에 제공한 21세기의 원자 스파이 역할을 한 과학자가 된 것이다.

과학자들은 그들이 애써 연구한 결과를 논문을 통해 주저 없이 경쟁적으로 공개한다. 그러나 과학자들 사이에서는 이런 말을 해왔다. "과학에는 국경이 없지만, 과학자에게는 조국이 있다."

핵무기 확산 방지를 위한 국제 노력

과학의 발전은 인류의 행복을 위해 항상 도움이 되

미국 해군은 엔터프라이즈, 조지워싱턴 호, 니미츠호 등 여러 척의 원자력항공모함을 보유하고 있다. 사진은 칼빈슨(Carl Vinson) 호이다.

어야 하지만, 때때로 불행을 가져오는 무기로 발전한다. 대표적인 것이 원자력에 대한 과학기술의 발전이다.

제2차 세계대전 후 강국들 사이에 핵무기 경쟁이 계속되자, 1953년 당시 미국의 아이젠하워 대통령은 전 세계 국가가 다시는 핵전쟁을 하지 않고, 핵을 평화적으로만 이용토록 규제하는 국제기구를 창설할 것을 제안했다. 그러나 소련의 협력을 얻지 못해 성사되지 못하다가, 1955년에야 유엔이 개최한 국제회의에서 국제원자력기구를 결성하기로 했다. 그리하여 1957년 7월 29일에 국제원자력기구(International Atomic Energy Agency, IAEA)가 탄생했으며. 이 기구는 유엔과 독립적으로 활동하게 되었다.

IAEA는 핵을 군사적 목적으로 사용하는 것을 금지하고, 평화적 목적에 이용하는 것을 장려하는 기구이다. 따라서 IAEA에 가입한 국가들은 자국의 원자력 시설을 정기적 또는 수시로 IAEA로부터 감사를 받아야 한다. IAEA의 본부는 오스트리아의 비엔나에 있으며, 캐나다의 토론토와 일본 도쿄에 지역 감시소가 있고, 원자력 관련 자체 연구소도 3곳에 두고 있다.

1986년에 우크라이나의 체르노빌에서 원자력발전소 사고가 발생하자, IAEA의 활동은 더욱 강화되었다. 스웨덴의 외무장관을 지낸 블릭스(Hans Blix)는 1981년부터 1997년까지 20년간 IAEA 사무총장을 지냈고, 후임으로 이집트의 엘바라데이(Mohamed ElBaradei)가 선임되어 2009년까지 활동했다. 현재는 2009년 7월에 선출된 일본의 유키야 아마네(Yukiya Amane)가 사무총장으로 활동하

오스트리아의 비엔나에 있는 국제원자력기구(IAEA) 본부 건물

고 있다. 이집트의 알바라데이는 2005년에 노벨평화상을 수상했다.

IAEA에는 현재 세계 대부분의 나라인 151개 국가가 가입하고 있다. 회원국이던 북한은 1974～1994년 이후 탈퇴해버렸고, 이란은 IAEA 규정을 준수하지 않아 이사회에서 핵시설 가동 중단을 촉구하는 결의안을 채택하기도 했다. IAEA에는 총 2,300여명의 직원이 있으며, 그중 40여명은 한국인이다. 지난 30여 년 간 환경주의자들의 반대로 원자력발전소 건설 사업이 거의 방치되어 왔다. 그 때문에 원자력 발전소와 관련된 전문 인력은 선진국 후진국을 불문하고 부족한 상황이다.

한편 1970년 3월에는 더 이상 핵무기를 개발하지 않도록 약속하는 '핵확산금지조약'(Nuclear Non-Proliferation

Treaty, NPT)이 채결되었다. NPT에는 현재 189개 나라가 가입하고 있으나, 인도와 파키스탄, 이스라엘 같은 나라는 비가입국이면서 핵무기를 보유하고 있다. 그리고 이란과 시리아는 가입을 하고서도 핵무기를 개발하느라 IAEA의 사찰을 제한하고 있다. 특히 북한은 가입했다가 2003년에 탈퇴하고 말았다.

2010년은 NPT 채결 40주년을 맞는 해였다. 그러나 북한과 이란, 시리아와 같은 나라는 핵무기를 개발하고 있어, 그것이 악용되거나 테러리스트의 손에 들어가는 것을 염려하고 있다. 강대국 간에는 전략무기감축 협정을 채결하고, 현재 보유하고 있는 핵탄두의 수와 핵무기 운반 수단인 장거리 폭격기, 잠수함, 대륙간탄도미사일(ICBM) 등을 줄이기로 하는 조약을 채결하고 있다.

지난 2010년 4월에는 한국을 포함하여 전 세계 47개국의 각국 정상들이 참여하여, 핵무기 위험을 방지하기 위한 핵안보정상회의를 미국 워싱턴에서 개최했다. 이 대회에서 우크라이나와 같은 나라는 보유하고 있던 핵연료를 폐기하기로 했으며, 미국과 러시아는 핵탄두용으로 보유하고 있던 상당량의 플루토늄(각국 34톤씩)을 원자력발전소의 연료로 전환하기로 합의했다. 보도에 따르면, 34톤의 플루토늄으로는 1,7000개의 핵탄두를 만들 수 있다고 했다. 이 대회에 참가한 한국의 이명박 대통령은 제2회 2012년 회의를 서울에서 개최하도록 했다.

제 **4** 장
원자력의 위험과 안전

원자력발전소가 부른 30년 전의 사고

　원자력발전소를 실용하는 데는 한 가지 큰 어려움이 따랐다. 그것은 원자력 폐기물을 안전하게 운반하고, 또 그것을 안전한 곳에 저장하는 문제였다. 1979년 3월 28일, 불행히도 미국의 스리마일 원자력발전소에서 사고가 발생했다. 원자로에 고장이 생겨 수리하고 있을 때, 원자로의 온도가 위험 수준으로 뜨거워지더니 방사선에 오염된 물과 수증기가 발전소 안으로 넘치게 되었다.

　발전소 직원과 인근 주민은 급히 대피했다. 복구 요원들은 방사선 방호복을 껴입고 하루 2~3시간씩 교대로 청소작업을 시작했으나, 발전소의 일부 지점은 사람이 접근할 수 없을 정도로 강한 방사선으로 오염되어 있었다. 나중에 이 발전소의 방사선을 청소하기 위해 무게가 10kg 밖에 안 되는 탱크처럼 생긴 작은 로봇이 들어갔다. 이 로봇은 발전소 내부 모든 곳을 다니며 사진을 찍고, 방사선량을 측정했다. 그 다음에는 '프레드'라는 무게 200kg의 로봇이 고압 살수기를 끌고 들어가 오염된 곳을 씻어냈다. 이 로봇은 75kg 나가는 물체를 높이 3m까지 들어 올릴 수도 있었다.

　사고 발생 4년 반이 지났지만, 아직 발전소 내부로 사람이 들어갈 수는 없었다. 이때는 새로 제작한 '로

버-1호'라는 로봇이 드릴과 장비들을 들고 들어가 오염된 벽과 물건들을 퍼 담아 보호 용기에 넣어 안전한 핵폐기물 저장소에 버리는 작업을 했다. 이렇게 하여 사고 발생 10년 후에 사람이 들어갈 수 있게 되었다. 이때의 스리마일 사고는 훨씬 안전한 발전소를 설계하고 운전하는 방법을 크게 발전시켰다. 또한 이런 위기에 사용할 수 있는 로봇 제조 기술도 발전시켰다. 오늘날 모든 원자력발전소에서는 방사선 위험이 있는 많은 일을 로봇으로 한다.

체르노빌 원자력발전소 사고의 재앙

구소련은 1958년에 K-19라는 원자력 잠수함을 진수했다. 이 잠수함은 핵미사일을 탐재하고 있었다. 불행하게도 K-19는 1990년에 퇴역하기까지 여러 차례 방사선 오염사고를 일으켜 승무원이 죽기도 하고 피해를 입어야 했다. 그래서 이 잠수함은 '히로시마'라는 별칭으로 불리기도 했다.

불행하게도 역사상 최악의 원자력발전소 사고가 1986년 4월 26일 구소련의 우크라이나 벨라루스에 건설된 체르노빌 원자력발전소에서 일어났다. 이 발전소는 1977년부터 1983년 사이에 완공된 4기의 원자로에서 각각 1GW의 전력을 생산하고 있었고, 4번 원자로가 고온으로 녹으면서 폭발한 것이다. 이때 가루가 되어 사방으로 퍼진 방사성 낙진은 벨라루스 지역만 아니라 이베리아 반도를 제외한 유럽 전역의 하늘을 오염시켰다.

이때 이곳에서 방출된 방사선 낙진의 양은 히로시마 원폭 때보다 400배 정도 많았다. 인근에 살던 33만 6,000명의 주민은 급히 대피했다. 구소련은 이곳의 참상을 비밀로 하고 발표하지 않았다. 그러나 2005년 IAEA와 WHO가 공동 발표한 당시 피해 상황에 의하면, 56명은 즉시 사망했고, 약 60만 명이 방사선에 노출되었으며, 그 중 4,000명은 암 등으로 사망했다. 당시 사망자 중에는 발전소에서 일하던 엔지니어와, 위험한 줄 모르고 화재 진압에 참여한 소방관, 심지어 헬리콥터 파일럿까지 있었다.

원자로가 폭발할 때 방사능을 가진 요드-131, 세슘-137, 스트론튬-90을 비롯한 여러 방사성 동위원소의 낙진이 바람을 타고 사방을 오염시켰다. 세슘-137은 반감기가 약 30년이며, 베타선을 방출하면서 바륨-137로 변하는데, 이 바륨-137은 감마선을 방출하는 반감기 2.55년의 방사선 동위원소이다. 스트론튬-90은 반감기가 약 29년이며, 이것은 인체의 뼈에 축적되어 뼈 암을 유발한다.

이러한 방사성 낙진은 빗물과 함께 지하로 흘러들어 지하수를 오염시키고, 강에 사는 물고기의 몸에 축적된다. 사고 당시 많은 가축과 야생동물이 죽었으며, 인근의 숲은 적갈색으로 변해 말라죽었다. 그래서 이곳의 숲은 '붉은 숲'이라 불리기도 했다. 방사성물질은 초원의 풀을 먹는 가축의 몸에도 축적된다. 예를 들어 발전소 주변에 살던 말들은 갑상선(甲狀腺)이 방사성 요드로 오염되어 죽어갔다. 그래서 사고 후 수년 동안 인근 지역에서 생산된 농작물이나 가축은 식용으로 하지 못했다.

우크라이나 정부는 전력이 부족하여 문제의 4번 원자로를 두터운 콘크리트 벽으로 싸두고, 나머지 3개의 원자로를 가동시키려고 했다. 그러나 안전에 문제가 계속 발견되어 체르노빌 발전소는 끝내 사용하지 못하게 되었다. 이러한 체르노빌 발전소 사고는 세계적으로 원자력 발전소 건설 반대자들을 만들어내고 말았다. 이탈리아와 같은 나라는 1988년에 원전을 건설하지 않기로 하는 국민투표를 통과시켰다. 그러나 20년이 지난 2009년에 이 결의는 해제(解除)하기로 했다.

방사선이란 무엇인가?

방사선이라든가 방사능이라는 말은 물리학, 화학, 생물학, 의학 등에서 널리 사용하는 용어이다. 특히 핵물리학에서 말하는 방사선은 매우 중요하게 다루는 복잡한 연구 분야이다. 일반적으로 태양 또는 원자의 핵에서 방출되는 입자나 전자기파의 에너지를 방사선이라 한다.

태양에서 오는 방사선은 우주방사선 또는 우주선(cosmic ray)이라 하며, 자외선은 대표적인 우주방사선이다. 자외선이 강하게 비치는 바닷가라든가 눈 덮인 고산에서는 지나치게 햇빛에 노출되지 않도록 조심하는 것이 상식이다. 일부 사람들은 인공적으로 피부를 태워(선탠 suntan) 건강미를 자랑하기 위해 자외선 등 아래에서 피부를 태우기도 한다. 강력한 자외선은 미생물을 살균하는 방법으로 사용된다. 그러므로 선탠을 할 때는 전문적인 지식이 필요하다.

21세기가 시작되기 직전부터 인류는 대기층의 오존층 파괴와 온실가스에 의한 지구 온난화와 같은 큰 재앙을 염려하게 되었다. 지구를 둘러싼 대기권은, 대류 현상이 일어나는 지상 바로 위층인 대류권(對流圈)과, 그 위의 성층권(成層圈)으로 크게 나뉜다. 성층권은 지상 10~50km 높이의 대기층이다. 이곳 대기층에는 오존(ozone)이 유난히 많이 포함되어 있어 '오존층'이라 불리기도 한다. 프랑스의 과학자가 1913년에 처음 발견한 이 오존층에는 대기 전체 오존의 약 91%가 모여 있다.

성층권에 오존이 많은 이유는, 이곳의 산소(O_2)가

파장이 짧은 자외선이라는 방사선을 받아 오존(O_3)으로 된 때문이다. 이 오존은 긴 파장의 자외선을 받으면 O_2 + O 로 분리되고, 이때 생겨난 O는 O_2와 만나 다시 O_3로 되는, 산소의 화학변화가 되풀이된다.

오존층은 지구상에 사는 인간을 비롯한 모든 생물들을 보호하는 매우 중요한 작용을 한다. 왜냐하면, 태양에서 오는 강한 자외선의 93~99%가 이 오존층에서 차단되기 때문이다. 만일 오존층이 없어 자외선이 그대로 지표면까지 내려온다면, 자외선의 강한 화학작용 때문에 생물들이 살아가기 어렵다.

미국의 화학자 프랭크 셔우드 롤런드(Frank Sherwood Rowland, 1927~   )와 마리오 몰리나(Mario Molina, 1943~   ) 두 과학자는 인류가 대량 사용하는 프레온(freon)과 같은 화학 가스가 대기 중의 오존을 파괴시키고 있다는 논문을 1974년에 발표했다. 이 논문이 나온 후, 과학자들은 남극 상공에 오존이 거의 없어진 '오존 구멍'이 실재로 생겨난 것을 발견했다. 남극과 북극의 상공은 성층권이 다른 곳보다 낮아 오존이 먼저 파괴된 것이다. 이후부터 세계는 프레온의 생산과 사용을 규제하게 되었다.

우주개발 경쟁이 시작되면서 태양에서 오는 방사선에 대한 연구가 필요했다. 1958년 미국의 우주선 '파이오니아 1호'에는 우주에서 오는 방사선을 측정할 가이거 계수관을 탑재하고 있었다. 이때 측정된 방사능은 미국의 반 알렌(James Van Allen, 1914∼2006)이 분석했고, 그는 이 조사에서 지구 둘레에 강력한 방사선 벨트가 2중으로 둘러싸고 있는 것을 발견했다. 이 방사선대는 발견자의 이름을 따서 반알렌대라 불린다.

반알렌대가 발견되자, 우주비행사가 우주비행 중에 입게 될지 모르는 방사선을 대비해야 했다. 우주선 선체의 벽은 반알렌대의 방사선을 충분히 차폐해줄 수 있다. 반알렌대의 방사선은 태양에서 오는 양성자(알파 입자)와 베타 입자(전자), 감마선(광자)으로서, 이들은 큰 에너지를 갖고 있어 우주방사선이라 불린다. 우주생물학에서는 우주방사선이 생물체에 미치는 영향에 대해 연구를 해오고 있다.

방사성 동위원소의 방사선

방사선은 비이온화 방사선과 이온화 방사선 2가지로 나누기도 하는데, 비이온화 방사선은 라디오파, 단파, 적외선, 가시광선, 자외선 그리고 핵분열이나 핵융합반응 때 방출되는 중성자 등을 말한다. 이온화 방사선은 핵무기나 원자로, 방사성물질로부터 나오는 강력한 전자기파와 X-선을 포함한다. 일반적으로 방사선이라고 하면 다음 4가지 이온화 방사선을 말한다.

알파선(알파 입자) - 알파선은 중성자 2개와 양성자 2개로 이루어져 있으며 투과력이 매우 약하다. 이것은 전자가 없는 상태의 헬륨 핵과 같다. 보통 알파 입자라 부른다.

베타선(베타 입자) - 핵을 중성자로 깨뜨릴 때 나오기도 하는 큰 에너지를 가진 전자이다. 금속을 몇 cm 투과할 수 있는 에너지를 가졌다. 일반적으로 베타 입자로 부른다.

감마선 - 1899년에 러더퍼드가 처음 찾아낸 감마선은 핵이 붕괴할 때 발생하는 큰 에너지를 가진 광자로서, 주파수 1019Hz 이상의 전자기파이다.

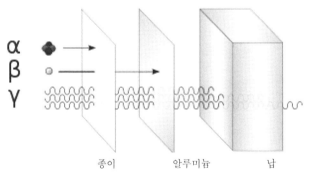

종이   알루미늄   납

알파선(알파 입자)은 중성자 2개와 양성자 2개로 이루어져 있으며 투과력이 매우 약하다. 이것은 헬륨의 핵과 같다. 베타선(베타 입자)은 핵을 중성자로 깨뜨릴 때 나오기도 하는 큰 에너지를 가진 전자이다. 감마선은 핵이 붕괴할 때 발생하는 큰 에너지를 가진 광자(주파수 1019Hz 이상)이다.

X-선 - 감마선보다 더 강한 에너지를 가진 전자기 파이다. 병원에서 검진에 사용하는 X-선은 인체에 해가 거의 없다고 판단되는 낮은 선량(線量)이다.

원자폭탄이 지표면에 터지면 그 에너지는 분화구와 같은 폭발구(爆發口)를 만들면서 열과 방사선으로 한꺼번에 방출된다. 이때 흩어지는 폭발의 파편들은 방사성물질이 많기 때문에 위험이 따른다. 오염된 방사성물질로부터 방사성이 완전히 없어지려면 수십 년~수천 년이 걸린다.

핵폭발이 있으면 33종 이상의 방사성 원소와 200종 이상의 동위원소가 생겨난다. 이것들의 반감기는 1초의 몇 분의 1 정도로 짧은 것도 있고, 수천 년에 이르는 긴 것도 있다. 이들 중에서 가장 위험한 방사성 원소는 스트론튬-90, 코발트-60, 세슘-137이다. 이들은 모두 베타선과 감마선을 내며, 이들의 반감기는 25년에서 275년까지 매우 길다.

핵폭발 시에 발생하는 고열은 공기 중의 질소가 산소와 결합하여 산화질소(NO)가 되도록 한다. 연구에 따르면 20MT의 폭발은 50만 톤의 산화질소를 만들고, 이것은 공기 중의 수증기와 결합하여 질산이 된다. 이 질산이 포함된 비는 강한 산성비이기 때문에 식물에 치명적인 영향을 준다. 산성비는 사람과 동물에도 피해를 준다.

핵무기가 폭발할 때 공기 중으로 방출되는 물질의 약 5%는 스트론튬-90이라고 한다. 폭발운(爆發雲)과 함께 공중으로 올라간 스트론튬-90의 낙진은 수년에 걸쳐 천천히 낙하하면서 지구 전체로 퍼지게 된다. 그것은 공기, 물, 토양을 오염시키고, 채소와 풀에도 흡수되므로 직접 간접으로 인체에 들어와 마침내 뼈에 축적된다. 이 물질은 칼슘 비슷한 화학적 성질이 있어 성장 중인 어린이들에게 쉽게 흡수되어 치유가 불가능한 장애를 일으킬 수 있다. 그리고 방사선 요드와 같은 것은 갑상선에 모여 피해를 준다. 갑상선에서 분비되는 호르몬에 요드 성분이 포함되어 있기 때문이다.

세계의 강국이 경쟁적으로 핵실험을 하자, 세계 44개국의 과학자 4,000여명은 1958년에 UN에 다음과 같은 탄원서를 제출하면서, 핵실험을 중단할 것을 촉구했다.

"핵폭탄 실험이 있을 때마다 세계 여러 지역에 더 많은 양의 방사성 원소가 퍼져나가고 있다. 그때마다 증가되는 방사선은 인류의 건강과 인간의 생식선에 해를 끼쳐 미래 세대에 불구자의 출생수를 증가시키게 될 것이다."

당시 어떤 과학자는 "정치가들에게 핵을 맡겨서는

안 된다."고 주장하기도 했다. 아인슈타인은 이렇게 말했다. "인간이 성취한 여러 가지 핵물리학적 발견을 평화적 목적에만 사용하는데 성공한다면, 그것은 인류가 새로운 낙원으로 가는 길을 트는 것이다."

인체는 방사선을 감각하지 못한다

원자폭탄의 3대 파괴력은 폭풍, 열선, 그리고 방사선이라고 앞에서 말했다. 이 가운데 폭풍과 열선에 의한 피해는 직접 목격되지만, 방사선 피해는 즉시 예측하지 못한다. 최초의 원자폭탄이 터져 피해를 입기 전까지는, 일부 과학자를 제외하고 일반인들은 방사능의 위험에 대해 알지 못하고 있었다. 원폭 피해를 입은 일본의 과학자들은 방사선이 인체에 미치는 영향에 대한 기초의학 연구를 어떤 나라보다 많이 하게 되었다. 일본 이화학연구소의 니시나(芳雄) 박사는 1973년에 출간한 원폭 피해에 대한 책에 이런 기록을 했다.

"원자폭탄 공격을 받은 직후 히로시마와 나가사키를 목격할 기회를 가진 나는 그 피해가 너무나 참혹해서 눈을 가리지 않을 수 없었다. 눈도 코고 구별할 수 없을 정도로 화상을 입은 한없이 많은 환자가 드러누워 있는 것을 보고, 그 고통의 신음을 듣는 것은 정말 생지옥에 온 것이었다……"

인체는 치사량이 넘는 방사선을 받더라도 아무런 느낌을 모른다. 세균에 감염된 인체라면 차츰 면역력이 자동으로 생겨 자신을 방어하기도 하지만, 방사능에 대해서는 전혀 그런 기능이 없다. 에너지가 강한 X-선과 감마선이 생물체에 닿으면, 방사선의 강도에 비례하여 몸을 구성한 분자로부터 고속 전자가 발생한다. 이 고속 전자들은 생체의 분자를 깨뜨리는 작용을 한다. 예를 들면, 물의 분자를 깨뜨려 수명이 짧은 H^+와 OH^-를 만들고, 이들이 독소처럼 작용하여 단백질이나 핵산(DNA)과 같은 구성요소에 변화를 일으킨다. 그러나 이들이 인체 구성 분자에 어떤 변화를 주었는지 직접 알기는 어렵다.

방사선에서 치사량이라는 말은 1회 방사선 조사로 30일 후에 죽을 확률이 50%가 되는 선량을 말한다. 피폭의 세기를 나타낼 때는 래드(rad)라는 단위와 그레이(Gray, Gy) 또는 시버트(Sievert, Sv)라는 단위를 보통 사용한다. 래드는 물체에 축적된 방사선 양을 나타내고, 그레이(시버트)는 물체가 외부로부터 흡수한 방사선 양을 표시한다.

인체가 방사선을 흡수한 정도를 나타낼 때 사용하는 단위인 그레이는 영국의 물리학자로서 방사선이 인체와 생물에 미치는 영향을 연구했던 그레이(Louis Harold Gray, 1905~1956)의 이름을 딴 것이다. 그레이와 시버트는 같은 양이다.

해수욕장에서 강한 적외선을 쬐면 피부가 화상을 입는다. 이것은 적외선이라는 방사선을 대량 흡수한 결과이다. 그리고 원자폭탄이 터질 때 입은 화상은 강력한 감마선이 살 속으로 깊이 침투한 결과이다. 만일 누군가가 10Gy의 감마선을 흡수했다면 피부에 발생하는 상처 때문에 죽을 수도 있다.

피부가 방사선에 가볍게 노출되면 가려움, 홍반, 물집, 피부 박리 현상이 나타나고, 머리털은 뿌리(모낭)가 파괴되어 탈모현상이 나타난다. 상태가 가벼우면 자연히 회복되지만 심하면 완전히 탈모하고 만다. 피부는 표면에 있기 때문에 알파선이나 베타선과 같은 투과력이 약한 방사선에도 피해를 잘 입는다.

인체가 흡수한 방사선 양을 나타내는 단위로 렘(rem, Roentgen equivalent man)도 사용해왔다. 사람의 치사량은 600~700렘으로 알려져 있으며, 일반적으로 하등동물은 방사선에 잘 견딘다. 그러므로 핵전쟁이 일어나 인류가 모두 죽게 된다면, 치사량이 100,000렘인 아메바나, 치사량 8,000~2000렘인 달팽이와 같은 하등생물은 살아남을 가능성이 크다고 생각된다. 또 깊은 해저까지는 방사선이 미치지 못하므로 그런 곳에 사는 생물들은 살아남을지도 모른다.

치사량이 600렘 정도인 쥐를 사용한 실험에서 치사량 100배 정도를 조사하면 쥐는 2일 이내에 죽었다. 이때 쥐를 죽게 한 결정적인 기관은 뇌라고 생각되고 있다. 히로시마와 나가사키에서 원폭으로 치사량 수십 배에 노출된 사람들은 2주일 정도 만에 사망한 것으로 조사되어 있다. 이때 피폭된 사람들은 장출혈과 골수에서 피를 생산하지 못하는 피해가 많이 발견되었다.

X-선이나 감마선의 강도는 뢴트겐(R)이라는 단위로 나타내기도 한다. 예를 들면 600R의 방사선에 쪼인(피폭被爆) 사람은 단시간에 사망할 정도이다. 국제적으로 합의된 데이터에 의하면, 매주 0.3R 정도의 방사선 피폭은 인체에 거의 영향을 주지 않는다.

인체에 위험한 방사선량

1~5.5Gy 정도의 강한 방사선에 노출되면 인체는 구토감과 구역질, 불안, 두통, 혈압강하 현상이 주로 나타나는데, 노출 후 1~2일 사이에 구토감이 있다면 3.5~5.5Gy 정도로 많은 선량(線量)에 피폭되었다고 할 수 있다. 만일 이 보다 더 빠른 30분 안에 증세가 나타나면 5.5~8Gy 정도의 대 피폭이므로 생명이 위험

하다. 그러나 두통, 피로감, 무기력, 발열, 탈모 증세가 2~4일 후에 나타나면 중간 정도(1~2Gy) 노출된 증상이다.

일반적으로 500렘까지 피폭되었다면 치료에 의해 회복이 가능하다. 소량의 방사선에 피폭되었더라도 그 피해가 늦게 나타나는 것이 있다. 이를 만발효과(晩發效果)라고 하는데, 대표적인 것이 백혈병과 암이다. 방사선의 위험에 대해 잘 알지 못했던 초기의 연구자들과 의사, 방사선기사들은 만발효과 피해를 많이 입었다.

인체 중에서 세포분열이 왕성한 세포들이 방사선 피해를 쉽게 입는다. 즉 분열세포는 방사선에 특히 약하다. 예를 들어 정자와 난자를 생산하는 생식세포는 방사선을 많이 쬐었을 때 불임이 되기 쉬우며, 분열하는 염색체에 이상을 일으켜 돌연변이 등 유전적인 영향을 준다. 그러므로 성장하고 있는 아기나 어린이가 피폭된다면 매우 위험하다. 방사선이 백혈병을 잘 일으키는 이유는 방사선이 골수의 조혈(造血)기관 세포에 영향을 주기 때문이다.

방사선이 유전 장해를 주는 것에 대한 최초의 연구는 1922년에 미국의 유전학자 뮐러(Hermann Joseph Muller, 1890~1967)가 초파리에게 X-선을 여러 가지 세기로 조사(照射)하는 실험이었다. 이때 중요한 발견을 했다. 그는 방사선의 선량(線量)에 비례하여 돌연변이가 많이 발생하는 것을 관찰한 것이다. '뮐러의 법칙'으로 알려진 이 실험에서 발견된 놀라운 사실은, 방사선이 매우 약하더라도 돌연변이가 잘 발생한다는 것이었다. 자연계에서 발생하는 돌연변이는 거의가 생존에 불리한 상태로 나타나는데, 방사선에 의한 돌연변이도 마찬가지였다.

이러한 사실이 알려진 후, 인체에 대한 방사선 피해 연구가 중요한 과제가 되었다. 그 때문에 전 세계적으로 수백만 마리의 실험쥐가 방사선과 돌연변이 연구에 이용되었다. 오늘날 방사선 생물학자들은 방사선이 미치는 영향을 분자 수준에서 연구하고 있다.

한편, 방사선이 돌연변이를 잘 일으키는 사실은 곧 농업에서 가축이라든가 종자 개량을 위해 인위적으로 돌연변이를 일으키는 방법으로 이용되기 시작했으며, 많은 새 품종의 가축과 농작물 및 꽃들이 개량되어 나오게 되었다.

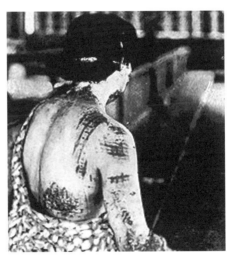

사진의 여인은 히로시마에 떨어진 원자폭탄의 열 방사선에 피부가 상당히 부상을 입고 있다.

방사선으로부터 안전하려면

　　방사선물질을 보관할 때는 적정한 두께의 납 저장통을 사용한다. 투과력이 강한 감마선을 50% 막아주려면 다음과 같은 정도의 벽이 필요한 것으로 알려져 있다. 일반적으로 물질의 밀도가 클수록 방어 효과가 크다. 실재로 완전히 방어하려면 더 두터운 벽이 필요하다.

납	—	1cm
콘크리트	—	6cm
철	—	2.5cm
흙	—	9cm
물	—	15cm

방사선의 위험을 알리는 마크들이다.

나무   —   30cm

공기   —   1,500cm

방사선을 취급하는 사람이 평소 방사선으로부터 자신을 보호하려면 4가지 문제를 고려해야 할 것이다.

1. 적절한 차폐 벽을 설치한다.
2. 방사선에 노출되는 시간을 단축한다.
3. 방사성물질과의 거리를 되도록 멀리한다.
4. 방사선 방출량이 적도록 한다.

방사능 검출 안전장치 – 가이거 계수관

역사적으로 방사선을 처음 발견하게 된 동기는 사진 건판 위에 나타난 그림자 때문이었다. 방사선의 그림자는 병원에서 X-선 사진으로 볼 수 있다. 그러나 그림자만으로는 방사선의 강도가 어느 정도인지 알기는 어렵다. 방사선은 인체에 강하게 조사되더라도 피해가 나타나기 전에는 볼 수도 들을 수도 없다.

그러나 매우 다행스럽게도 '가이거 계수관'(Geiger counter)이라는 장비가 일찍이 발명되어, 방사선을 미리 볼 수도 있고 들을 수도 있게 되었다. 휴대가 가능한 가이거 계수관은 방사선을 받으면, 계기를 통해 방사선의 강도를 수치로 보여줄 수 있고, 소리로 들려줄 수 있다.

　방사선 유출사고가 났을 때, 방사선 방어 작업을 하는 사람들은 특별히 제작된 방사선 오염 방호복(radiation suit)을 입는다. 이 옷은 상당한 조사량의 방사선을 막아주는 동시에, 정밀한 가이거 계수관 장치가 붙어 있어, 위험을 미리 소리와 빛으로 경고해준다. 이 경고에는 몇 분 또는 몇 초 안에 현장을 피해야 한다는 것도 알려준다.

　가이거 계수관은 독일의 물리학자 한스 가이거(Hans Geiger, 1882~1945)가 1908년에 발명했다. 그는 1907년에 영국 맨체스터 대학에서 어니스트 러더퍼드의 조수로 일하기도 했다. 그는 다시 자기의 조수였던 물리학자 발터 뮐러(Walther Müller, 1905~1979)와 함께 1928년에 훨씬 계량된 가이거 계수관을 만들었다. 이 장치는 '가이거 뮐러 관'이라 불린다.

　가이거 계수관의 원리는 간단하다. 아르곤 가스를 채운 유리관 안에 2가닥의 금속선이 연결되어 있고, 두 선 사이에 약 1,000볼트의 전위차가 있다. 두 선은 전기방전으로 스파크가 일어나지 않을 정도로 떨어져 있다. 이런 유리관에 양성자나 중성자, 전자, 중간자, 양전자와 같은 소립자라든가, 감마선과 같은 방사선이 쪼이면, 유리관 내부에서 이온화현상이 일어나 두 금속선 사이에 갑자기 방전이 일어나면서 순간마다 전압에 변화가 생긴다.

이 계수관에는 전압의 변화를 측정하는 계기가 타이머와 함께 장치되어 있으며, 그것을 마이크를 통해 소리로도 나타낸다. 계수관은 방사선 양의 변화를 시간적으로 기록하도록 만든다. 오늘날의 계수관에는 카메라까지 붙어 있어, 방사선이 감지되는 현장의 동영상과 그 시간 및 방사선량을 함께 알 수 있다. 또한 이 계수관은 인체에 위험한 정도의 방사능을 받으면 특별한 경고음을 내도록 되어 있다. 그러므로 가이거 계수관은 방사능 물질을 다루는 모든 연구실과 시설, 공장, 우라늄 탄광, 시민 보호를 위한 곳에 필수적으로 사용하고 있다.

만일 가이거 계수관이 일찍 발명되지 않았더라면 원자력에 대한 연구 속도는 그만큼 느렸을 것이다. 방사성물질을 다루는 연구소라든가 원자력발전소, 입자가속기, 방사성 폐기물 운반 차량이나 저장소, X-선 장치가 있는 곳은 가이거 계수관을 설치하여 위험을 탐지하고 있다. 또 이런 곳에서 일하는 사람들은 매우 약한 방사선이지만 장기간 일하다 보면, 조사량이 축적된다. 그러므로 방사선을 취급하는 사람들은 만년필처럼 만든 방사선량 도시미터(dosimeter)를 휴대하고 다닌다.

포켓 선량계(pocket dosimeter)라고도 부르는 이 안전 장비의 기록을 주기적으로 확인하면, 그 동안 어느

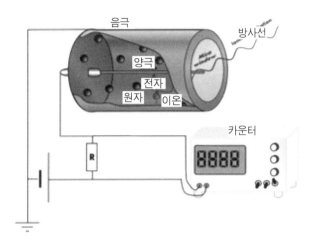

음극

방사선

양극

전자

원자 이온

카운터

가이거 계수관은 전압 변화가 있을 때마다 그 정도를 수치로 나타내며, 내부의 장치는 시간과 함께 영상까지 기록한다. 이 계기는 전압이 변화할 때마다 동작하므로, 자동으로 수치를 측정해야 하는 곳(예를 들면 전화국에서 통화 횟수를 자동 기록할 때)에도 사용한다.

정도 피폭되었는지 판단할 수 있다. 이러한 도시미터는 감도가 좋기 때문에 조심스럽게 사용한다면 인체를 안전하게 지켜줄 수 있다.

과거의 가이거 계수관은 X-선과 감마선은 측정할 수 있지만, 에너지가 낮은 알파 입자와 베타 입자는 측정하지 못했다. 그러나 오늘날의 계수관은 모든 방사선을 탐지한다.

방사선물질을 취급하는 사람은 국가가 실시하는 방사선 취급 자격시험에 합격하여 자격증을 가진 기능인이어야 한다. 전문 지식을 갖지 못한 일반인이 방사선과 접촉하는 곳이 있다. 건강진단을 위해 X-선

검사를 할 때이다. 그러나 염려하지 않아도 되는 것은, 진단용 X-선은 에너지가 약하기도 하고, 외부로 방사선이 나가지 않도록 납으로 된 벽으로 차폐해두고 있다. 일반적으로 특별한 경우를 제외하고 임신부에 대해서는 X-선 촬영을 하지 않는다. 우리나라의 많은 대학에는 방사선학과가 있어 방사선 취급 전문가를 양성하고 있다.

제 5 장

원자력발전소의 큰 희망

원자력 에너지의 넓은 용도

IAEA의 발표에 의하면, 2009년 현재 전 세계 31개 나라는 약 440기의 원자로에서 총 전력생산량의 15%를 생산하고 있다. 원자력발전소를 가동하는 대표적인 나라는 미국, 영국, 러시아, 프랑스, 일본, 한국 등이다. 우리나라는 총 전력생산량의 약 50%를 원자력발전소에서 얻고 있고, 프랑스는 약 80%를 생산한다.

미국은 1951년 12월에 아이다호의 아르코에 100kW 규모의 작은 실험용 원자로를 만들어, 원자력을 평화적으로 이용하려는 연구를 시작했다. 1953년, 아이젠하위(Dwight Eisenhower) 대통령은 원자력을 평화적으로 이용해야 한다고 강조하고, 국제적인 협력 속에 원자력을 이용할 수 있도록 정부의 지원을 강화했다.

1954년이 되자, 소련이 미국에 앞서 5MW급의 원자력발전소를 건설했고, 영국은 1956년부터 50MW급(뒷날 200MW로 증설)의 칼더홀 원자력발전소를 완성하여 상업적인 발전을 시작했다. 이 시기에 미국의 해군은 잠수함과 항공모함에 원자로를 설치하는 계획을 추진했다. 최초의 원자력 잠수함 '노틸러스'호는 1954년 12월에 진수했다. 미국의 상업용 원자력발전소는 1957년에 펜실베이니아 주에 건설되었다.

초기의 원자력발전소는 kW급이었으나 1960년대 말

에는 100MW급으로, 1980년대 이후에는 300MW급으로 규모가 커졌다. 특히 1973년 원유값이 급등하여 에너지 공급 위기를 맞자, 프랑스와 일본은 적극적으로 원자력발전소를 건설했으며, 오늘날 두 나라는 자국 총 전력생산량의 80%와 30%를 원자력발전소에서 얻고 있다.

21세기가 시작된 이후 특히 중국과 인도는 원자력발전소 건설을 위해 대단히 노력하고 있다. 이 두 나라는 빠른 경제 발전에 따라 에너지 수요가 급격히 늘어나고 있으며, 필요한 에너지를 원자력에서 얻어야 하게 되었기 때문이다. 이 두 국가는 고속증식로까지 연구하고 있다.

국제핵연합(World Nuclear Association, WNA)은 원자력과 연관된 사업을 하는 전 세계의 회사들이 회원으로 참여한 비영리 독립기관이다. 이를테면 원자력발전소를 비롯하여 우라늄 광산, 우라늄 가공 및 농축회사, 핵물질 수송회사, 핵연료 생산회사, 폐 연료 처리 및 보관회사 등이 회원이 된다. WNA는 UN의 인준(認准)을 받고 있다.

온실가스 제로의 발전소

해마다 전력 소비량은 증가하고 있고, 화력발전소의 연료인 석탄과 석유 값은 급등을 거듭한다. 오늘날 세계는 온실가스에 의한 지구온난화라는 대재앙을 막기 위해 최선을 다해야 하게 되었다. 그에 따라 각 나라에서는 이산화탄소 배출량을 줄이려는 녹색운동을 온갖 방법으로 전개하고 있다.

전력 부족과 이산화탄소 감축, 석유 환경오염 방지라는 세 가지 난제를 해결할 수 있는 두 가지 방법은 전기 사용량을 줄이거나, 그 반대로 무공해 전력을 무제한 생산하는 것이다. 그러나 전기 사용량을 줄인다는 것은 불가능한 일이다. 두 번째 방법인 발전소를 무한대로 건설하는 일도 마찬가지이다. 많은 수의 발전소를 어디에다 지을 것이며, 막대한 건설비는 어떻게 할 것인가? 또 화력발전소가 쏟아내는 이산화탄소가 가득한 연기와 재는 어떻게 대처할 것인가?

최근 우리 사회는 전력 소비를 줄이는 방법으로 자전거 타기를 장려하고 있다. 그러나 인구밀도가 높고, 언덕이 많은 지형을 가진 한국과 같은 나라에서는 그 효과가 매우 적을 뿐이다. 절전(節電)과 절수(節水) 운동을 벌이고, 쇼핑 때 플라스틱 봉지 사용을 억제하며, 음식 쓰레기를 줄이는 운동을 벌이기도 한다. 그러나 이러한 노력은 그 효과가 매우 미미하게 나타난다.

일부 사람들은 풍력발전소와 태양발전소 건설을 주장하기도 한다. 그러나 풍력발전소는 이산화탄소는 배출하지 않더라도 건설비가 엄청나게 들고, 자연경관을 크게 훼손하며, 건설하더라도 생산되는 전력량이 극히 소규모이다. 그리고 바람은 항상 일정하게 부는 것이 아니어서, 생산된 전력을 축전하여 공급해야 하는 어려움이 따른다. 한편 대규모 풍력발전소는 새들의 생활과 철새들의 이동에 큰 장해가 되기도 한다.

태양발전소 역시 엄청나게 넓은 땅과 막대한 건설비가 투자되어야 하며, 녹색의 자연 경관을 검은색 태양전지판으로 뒤덮어야 한다. 뿐만 아니라 이 또한 규모에 비해 전력생산량이 적고 불규칙하여, 대규모 산업단지나 도시에 전력을 일정하게 공급하기가 어려운 일이다.

특히 태양전지판은 노출되어 있으므로 황사계절이 아니더라도 먼지가 덮이면 발전효율이 떨어지고, 태풍이 불면 시설 피해를 입기도 쉽다. 또한 태양전지판에는 비소, 카드뮴, 갈륨과 같은 중금속이 포함되어 있으므로, 수명을 다한 전지판을 폐기할 때 환경문제가 발생한다.

바다에 조력발전소나 조류발전소를 건설하는 노력

도 시도되고 있다. 그러나 이들은 건설비용도 막대하지만 바다의 환경을 크게 훼손하기도 하고 선박의 항해에 지장을 주게 된다.

또한 생명공학 기술을 이용하면, 옥수수나 고구마, 사탕수수 등을 발효시켜 에틸알코올을 생산하고, 이것을 자동차 연료로 삼자는 주장도 한다. 그러나 이 방법은 생산비가 엄청나며, 지금도 식량 부족을 염려해야 하는 세계의 사정에 적합하지 않다.

현재 1KWh의 전력을 석탄으로 발전하면 991g의 이산화탄소가 배출되고, 석유는 782g, 천연가스는 549g을 방출한다고 알려져 있다. 이에 비해 원자력발전은 겨우 10g 정도 배출할 뿐이다. 이는 녹색에너지라고 선전되는 태양광 57g, 풍력 14g보다 적다.

세계적 산유국이면서 국토의 대부분이 사막인 아랍에미리트와 같은 나라가 태양발전소나 풍력발전소를 건설하지 않고 원자력발전소를 건설하려 하는 이유는 여기에 있다. 2010년 현재 전 세계에는 436기의 원자로가 가동하고 있고, 2030년까지는 430기를 더 건설할 것으로 알려져 있다.

지난 반세기 동안 원자력발전은 방사선이라는 환경 위험 때문에 배척당해왔다. 그러나 이제 전 세계의 환경보호주의자들은 그토록 반대해오던 원자력발전소 건설만이, 기후 변화를 막고, 석유에 의한 환경오염을 방지하며, 부족한 전력을 충분하게 공급할 수 있는 유일한 방법임을 인정하지 않을 수 없게 되었다. 이제는 원자력을 반대하던 그들이 원자력발전소 건설에 앞장서야 하게 된 것이다.

우리나라는 반세기 동안 원자력발전소를 가동해 왔지만, 어느 한 사람도 방사선 피해로 사망한 예가 없다. 그런데도 새로운 원자력발전소를 건설하려고만 하면 반대하고, 방사선 폐기물 처리장 건설을 몸으로 가로막기도 했다. 그런데, 우리나라만의 통계에 1년에 교통사고로 5,000명 이상이 사망하고 있지만, 자동차를 없애야 한다고 말하는 사람은 없다. 또 광우병으로 죽은 사람이 아무도 없지만 나라가 위태롭도록 반대 시위를 하기도 했다. 바다에서는 매일 상당량의 기름이 유출되어 항구와 해수욕장을 더럽히고 있을지라도, 조용히 지내던 사람들이, 소수의 야생동물의 삶터를 뺏는다고 터널 공사를 반대하는 엄청난 시위를 하기도 했다. 원자력 과학은 인류 전체의 편의와 번영을 목적으로 이루어지는 학문이다.

오늘날 인류는 21세기 이후를 여유롭게 살아갈 현실적인 대안이 원자력발전소 건설이라는 것을 충분히 알고서, 현명하게 대처해야 할 것이다. 방사선 오염의 위험이나 방사선 폐기물의 안전한 처리는 안전기술의 발달에 따라 오늘날에는 거의 염려하지 않아도 될 정도가 되었다.

일반적으로 사람들은 원자력발전소란 필요에 따라

발전량을 자유로 조절하기 어렵다고 생각한다. 그러나 과거에는 그랬지만 지금은 조절이 간단하도록 만들고 있다. 또한 원자력발전소의 가동 연한은 40년 정도라고 생각했지만, 지금은 60년 이상 안전하게 발전을 지속할 수 있다. 그에 따라 발전량에 따른 생산단가는 다른 어떤 발전방식과도 비교할 수 없이 싸졌다. 그리고 앞으로는 더욱 안전이 확보된 원자력발전소를 만들어 운용할 것이다.

화력발전의 문제점들

석탄이나 석유와 같은 화석연료는 작업환경이 매우 나쁜 환경에서 채굴하여 대규모로 저장해야 하고, 대규모 수송 작전을 펼쳐야 한다. 지상을 뒤덮은 채유탑, 풍랑이 쉴 사이 없이 덮쳐오는 바다 위의 시추선, 그곳의 열악한 조건에서 일하는 사람들, 세계의 바다 위를 분주하게 떠다니며 원유를 나르는 수없이 많은 초대형 유조선들, 길고긴 송유관, 수송 도로, 줄지어 달리는 수송차량, 탄광의 석탄을 실어내는 화물기차들, 수송 중에 발생하는 사고들을 기억해보면 화석연료 사용이 얼마나 위험하고 힘든 일인지 짐작이 간다. 그뿐만 아니라 이들 송유와 운반 과정에서는 수시로 대형 사고가 발생하여 인명과 재산과 환경 피해를 발생시킨다.

더군다나 인류가 사용할 수 있는 화석연료를 자연은 무제한으로 공급할 수 없다. 현재 매장된 것을 지금처럼 파내고 퍼내어 사용하면 금세기가 끝나기도 전에 이들은 바닥이 난다. 그렇게 되고 나면 다음 세기를 살아갈 우리의 자손들은 어떻게 할 것인가?

석탄과 석유와 같은 화석연료는 발전소의 연료나 교통기관의 연료로만 사용하는 것이 아니다. 오늘날의 화학섬유, 플라스틱, 화공약품, 화학비료, 의약품, 건축자재, 도로 포장 자재, 자동차 타이어의 원료 등이 모두 화석연료에서 나오고 있다. 따라서 화석연료의 고갈은 지금까지 풍족했던 인류문명의 종말을 가져온다. 더군다나 지구상의 인구는 이미 67억을 돌파했고, 의학과 산업과 경제 발전에 따라 인구 증가 속도는 줄어들지 않고 있다.

화석연료를 사용하는 화력발전소라든가 태양광 발전, 풍력발전, 조력과 조류발전 등의 대체 에너지 시설은 광대한 규모와 공간을 차지한다. 또한 생산된 전력을 도시와 산업시설로 장거리 전송하기 위해 수없이 많은 거대한 송전탑과 송전선을 시설해야 한다. 강물을 가로막아야 하는 수력발전소의 거대한 댐, 연기를 뿜어내는 하늘 높이 세운 발전소의 굴뚝, 수백만 톤의 석탄더미, 석유를 보관하는 대규모 저장탱크와 같은 시설을 생각해보자.

급속하게 증가하는 인구는 식량만 아니라 무한정하게 에너지를 필요로 한다. 지금 중동의 산유국들은 해수를 담수로 바꾸는데 막대한 전력을 사용하고 있으며, 그 사용량은 급격히 증가하고 있다. 전 세계적으로 볼 때 지구상에는 아직도 전기의 혜택을 받지 못하고 사는 빈국(貧國)의 인구가 20억을 넘는다.

그러므로 만일 이대로 간다면 인류의 문명 발전은 정지하고 말 것이 자명하다. 그러나 그 동안 과학자들이 원자력을 이용할 수 있도록 연구해온 것은 인류를 위해 너무나 다행한 일이었다. 원자력으로 에너지를 생산하는 것은 다음의 문제들을 해결하는 방법이다.

* 인구가 크게 증가하더라도 필요한 에너지를 경제적으로 충분히 공급할 수 있다.

* 화석연료보다 훨씬 청결하게 에너지를 생산하고, 환경오염에 의한 지구적인 재앙을 줄일 수 있다.

* 발전소 규모가 축소되고, 연료 보관시설, 발전소 운영방법이 간편해진다.

* 화석연료는 인류가 생존하는 동안 최대한 아껴 사용해야 하는 제한된 자원이다. 원자력 이용은 귀중한 천연자원을 절약한다.

* 원자력발전에 사용하는 핵연료는 소량이어서 생산과 운반과 저장 규모와 전력생산 비용을 크게 절감시킨다.

  * 원자력발전소의 연료는 한번 공급하면 재공급 없이 장기간 사용할 수 있으며, 폐기물도 소량이어서 지하 깊은 곳이나 해저에 안전하게 영구히 보관할 수 있다.

원자력발전소의 중심부 – 원자로

  화력발전소에서는 석탄이나 석유를 태워 그 열로 물을 끓여 수증기를 만들고, 그 수증기의 압력으로 터빈을 돌려 전기를 생산한다. 원자력발전소에서는 원자로(reactor)의 내부에서 핵연료(U-235 또는 Pu-239)에 중성자를 쏘아 핵분열을 일으킴으로써, 그때 나오는 에너지를 이용하여 물을 끓이고 있다. 그러므로 원자로는 원자력발전소의 핵심 부분이다.

  핵연료인 U-235나 Pu-239 핵에 중성자를 쏘아주면 핵분열을 일으켜 2개의 반쪽짜리 원자로 변하게 되고, 동시에 열과 함께 또 다른 중성자와 감마선이 방출된다. 이때 나온 중성자는 다른 핵연료와 충돌하여 핵분열을 일으킨다. 이러한 핵분열은 연쇄적으로 일어난다. 원자로에서는 핵분열이 한꺼번에 폭발적으로 일어나지 않도록 중성자의 발생량을 줄이거나, 중성자를 흡수하도록 하여 핵분열 속도를 적절하게 조절한다.

연쇄반응 속도를 조절하는 방법으로 원자로 안에 중성자를 흡수하는 물질(감속재)을 집어넣거나 빼거나 한다. 중성자 흡수물질에는 경수(輕水 light water), 흑연, 중수(重水), 베릴륨 등이 있다.

원자로에서 발생한 열은 원자로 노심을 둘러싸고 있는 액화(液化) 금속으로 된 냉각

원자력발전소의 냉각탑에서 수증기가 구름처럼 피어오른다. 냉각탑은 발전기를 회전시킨 수증기의 온도를 효과적으로 냉각시켜 액체상태의 물로 전환시킨다.

제(冷却劑)가 흡수하고, 냉각제가 가진 열은 다시 물로 전달되어 고압의 뜨거운 증기를 발생시킨다. 원자로는 현재 여러 형태가 개발되어 있으며, 종류에 따라 사용하는 연료와 중성자 조절 방식, 냉각제의 종류와 냉각 방법이 다르다. 각 종류의 원자로는 각기 장단점을 가지고 있다.

자연 우라늄(U-238) 100톤 속에는 U-235가 0.7톤(0.7%)

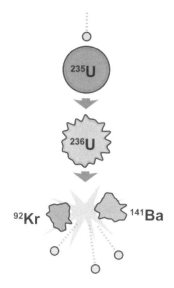

정도 포함되어 있다. 핵분열이 가능한 U-235 1톤을 연소시키면 석탄 300만 톤에 해당하는 에너지를 얻을 수 있다. U-235를 핵분열시키면, 이때 우라늄 일부가 플루토늄으로 변하게 되고, 플루토늄마저 핵분열시키면 더 많은 에너지가 나온다.

원자폭탄이나 원자로의 연료는 우라늄과 플루토늄이다. 우라늄은 흔히 옐로케이크(yellowcake)라 부르

중성자 1개가 우라늄-235의 핵을 포격하면, 우라늄-236으로 되었다가 크립톤-92와 바륨-141로 붕괴되면서 중성자를 방출한다.

는 천연의 우라늄광을 채굴하여 정제한다. 그리고 플루토늄은 자연계에 거의 없는 원소이기 때문에 우라늄으로부터 만들어야 한다.

원자로(경수로)의 종류와 구조

2009년 현재, 전 세계는 총 전력생산량의 15%를 원자력에서 얻고 있으며, 150척 이상의 군함들이 원자로를 동력장치로 사용하고 있다. 2007년에는 한때 원

자력 발전량이 14%로 떨어지기도 했다. 그 이유는 그해 7월에 일본에서 발생한 지진 때문에, 가시와자키-가리와 핵발전소의 7개 원자로가 발전을 잠시 중단했기 때문이었다. 이 상황은 곧 회복되었다.

현재 원자력발전소가 사용하고 있는 원자로의 종류에는 1) 경수로((輕水爐型 light water reactor, 2) 중수로(重水爐), 3) 비등(沸騰)경수로, 4) 고온가스 냉각로 4가지가 있다. 이 가운데 80%의 원자로는 경수로형이다. 우리나라의 원자력발전소도 월성 1,2,3,4호기는 모두 경수로형이다.

그림에서 <원자로 구성>과 <가압수형 원자로 구조>를 보자. <원자로 구성> 그림은 우리나라 '원자력문화재단'이 소개하고 있는 것이다. 원자로의 노심(爐心 reactor core)은 핵분열이 일어나는 원자로의 중심 부분이다. 이곳에는 핵연료가 담긴 연료봉과, 핵분열 속도를 조절하는 제어봉이 있고, 그 주변을 물이 둘러싸고 있다. 핵연료는 연필 굵기 정도로 가느다란 막대 수백 개가 다발을 이루고 있다. 우라늄이나 산화우라늄으로 된 이 막대들은 '핵연료 집합체'라 부른다. 그리고 핵연료 막대 사이에 중성자를 잘 흡수하는 하프늄이나 카드뮴으로 된 제어봉이 끼워져 있다. 제어봉을 완전히 내리면 핵반응이 정지하고, 들어 올리면 더 많은 중성자가 U-235(또는 Pu-239)의 핵과 충돌하여 핵분열을 연쇄적으로 일으킨다.

노심을 채우고 있는 물은 원자로가 지나치게 고온으로 되는 것을 막아주는 냉각 기능과, 중성자의 속도를 감속하는 작용, 그리고 핵분열 때 발생한 열을 외부의 열교환기로 전달하는 역할을 한다. 그림 <가압수형 원자로 구조>를 보자. 이것은 원자로의 내부와 원자력발전 원리를 더 간단하게 나타낸 그림이다. 원자로 내부에 채우는 물이 경수(일반적인 증류수)인가, 아니면 중수(重水:중수소로 이루어진 물)인가에 따라 경수로형인가 중수로형인가 구분한다.

원자로의 노심은 뜨거워진 물(경수, 중수)에 의해 초고압 상태가 되기 때문에 수온이 약 300도에 이른다. 이 고온 고압의 물은 열교환기에서 물을 끓게 하고, 다시 노심으로 되돌아간다. 이때 열교환기에서 발생한 증기가 발전기의 터빈을 돌린다. 한편 노심으로 회수된 물은 온도가 내려가 있으므로, 노심의 열을 냉각시키면서 다시 고온의 물이 되는 순환 과정을 되풀이한다.

경수로와 중수로는 각기 장단점을 가지고 있다. 경수로는 열전도율이 높아 효율적으로 에너지를 얻지만, U-235를 약 2~5%까지 농축한 우라늄 연료를 사용해야 한다. 우라늄을 농축하려면 복잡한 기술이 필요하고 비용이 많이 든다. 그리고 연료를 교체할 때는 원자로 가동을 50~70일간 중단해야 한다. 그러나 경수로 형은 건설비가 적게 들고 안전성도 높기 때문에 대부분의 원자력발전소는 경수로 형으로 만들고 있다.

반면에 중수로에서는 U-235의 농도가 0.7%인 천연우라늄을 그대로 사용하며, 원자로를 가동하는 중에도 연료를 교체할 수 있다. 그러나 천연우라늄을 사용하는 중수로는 경수로에 비해 규모가 커지기 때문에 발전소 건설비가 더 든다. 그리고 중수를 생산하는 비용이 필요하다. 경수로이든 중수로이든 가동하

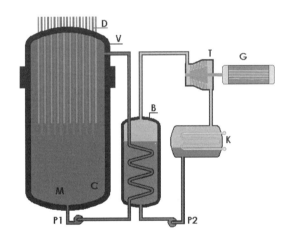

가압수형 원자로 : M은 노심, C는 연료집합체, D는 제어봉, V는 원자로 벽, B는 열교환기, P는 펌프, K는 응축기, T는 터빈, G는 발전기를 나타낸다.
원자로 내에서 핵분열반응 속도를 조절하는 것이 제어봉이다. 제어봉은 중성자를 잘 흡수하는 탄소를 주로 사용한다.
원자로의 외벽은 두께 20cm 이상의 고강도 강철로 만들며, 원자로 주변은 안전을 대비하여 5단계로 방어벽을 갖추고 있다.

원자력발전소의 발전기를 회전시킨 수증기는 아직 온도가 높은 상태이므로, 이를 거대한 탑처럼 세운 냉각탑에서 액체 상태로 만들어, 다시 원자로 속으로 보낸다. 이때 수증기를 냉각시키는 냉각탑에서는 가까운 곳의 바닷물이나 강물 또는 호수의 물을 사용한다. 냉각탑에서 증기를 응축시킨 해수(또는 호수의 물)는 온도가 다소 상승한 상태로 바다로 나간다. 때문에 주변의 수온에 영향을 준다. 발전소의 높고 큰 냉각탑은 대기의 온도까지 이용하여 효과적으로 물을 응축시키는 시설이다. 수온이 높아진 해수(온배수)를 바다로 방출하면, 주변 해양생물에 영향을 준다고 하여 때때로 환경 피해 문제가 되기도 한다.

고 나면 폐 연료가 나오는데, 그 속에는 재처리하여 핵연료로 사용할 수 있는 플루토늄이 얼마큼 생겨난다. 중수로에서는 경수로보다 2배 정도 많은 플루토늄이 생산된다.

우리나라의 원자력발전소는 경수로형이어서 농축된 우라늄 연료를 사용한다. 우리나라 괴산과 옥천 등지에서 산출되는 우라늄광은 함량이 0.04% 정도 밖에

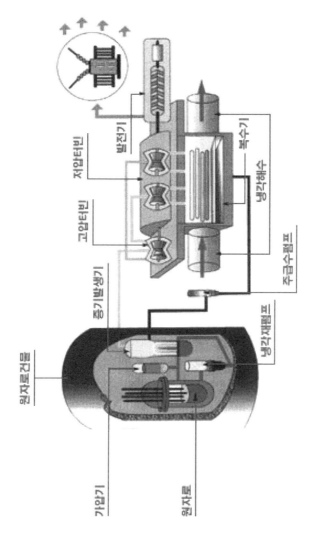

저탄소 녹색성장 시대를 맞아 우리 국민에게 원자력에 대한 정보를 전달할 목적으로 설립된 '한국원자력문화재단' 에서 소개하고 있는 우리나라 경수로 발전소의 기본 구조이다.

원자로건물

증기발생기

고압터빈

저압터빈

발전기

복수기

냉각해수

급수펌프

냉각재펌프

가압기

원자로

되지 않아 연료로 가공하기에 경제성이 없다고 한다. 또한 우라늄을 농축하려면 높은 기술과 대규모 시설이 필요하다. 한편 원자로의 연료를 함부로 생산하는 것은 핵무기를 만들 가능성이 있기 때문에, 국제원자력기구는 핵연료의 채광에서부터 가공까지 모든 과정을 매우 엄격하게 통제하고 있다. 따라서 우리나라는 현재 다른 나라로부터 농축연료를 수입해야 한다. 하지만 북한에서는 국제법을 어기고 핵연료를 가공하고 있는 것으로 알려져 국제적 문제를 일으키고 있다.

'제 4세대 원자로' 시대

지구에는 상당히 많은 양의 천연 우라늄(U-238)이 매장되어 있다, 이 물질은 암석에만 아니라 바닷물에도 다량 녹아 있다. 우라늄의 총 매장량은 은(銀)보다 약 35배나 많다. 우라늄은 우라늄 함량이 많은 광석으로부터 정제해야 경제적이다. 실제로 2000년대 초의 우라늄 시장 가격은 1kg당 130달러 정도로 그다지 비싸지 않았다. 일반인들이 원자력발전소를 고가(高價) 시설이라고 생각하는 것은, 완벽하도록 안전해야 하기 때문에 건설비가 많이 드는 탓이다. 현재의 상황에서 볼 때, 우라늄의 시장가격이 26% 인상된다면, 전기료는 7%가 올라야 할 것이고, 만일 석유 값이 그

만큼 인상된다면 전기료는 그 10배인 70%나 상승할
것이다.

초기에 개발된 원자로는 '제 1세대 원자로'라 부르
고, 가까운 미래에 사용하게 될 새로운 차세대원자로
는 '제 4세대 원자로'라 부른다.

제 1세대 원자로는 1950년대부터 1960년대 중반까
지 사용하던 것으로 지금은 완전히 퇴역했다.

제 2세대 원자로는 1960년대 이후부터 사용되기 시
작하여 1990년대 중반까지 사용하던 원자로이다.

제 3세대 원자로는 오늘날 주로 사용하는 경수로(輕
水爐 light water reactor)라고 부르는 형식의 원자로이
다. 이 원자로는 천연 우라늄의 0.7% 뿐인 U-235를
사용하며, 1990년대 중반 이후에 건설한 것들이다.
U-235를 정제해(농축하여) 사용하기 때문에 연료비가
많이 든다. 그러나 앞으로 우라늄의 값이 kg당 200달
러가 넘어서면 원자력 에너지의 경제성이 나빠진다.

제4세대 원자로는 현재 개발 중에 있다. 미래의 이
원자로는 '고열원자로'(very high temperature reactor) 모
델과 '고속증식로'(fast breeder reactor) 모델 두 가지가
연구되고 있다.

이 가운데 고속증식로는 자연계 우라늄의 99.3%를
차지하는 U-238을 그대로 연료로 사용한다. 고속증식
로(高速增殖爐)라는 이름을 얻게 된 것은 원자로 내에
서 U-238 전량이 플루토늄으로 변하여 연료가 되기

때문이다.

한편으로 과학자들은 천연 우라늄보다 지구상에 3.5배 정도 많이 매장되어 있는 토륨(Thorium-233)을 우라늄-233으로 변화시켜 핵연료로 사용하는 방법도 연구하고 있다.

이러한 차세대 원자로는 국가 간에 경쟁적으로 개발하기에는 엄청난 비용이 든다. 그래서 2010년 현재, 한국을 비롯한 미국, 영국, 스위스, 남아프리카, 일본, 프랑스, 캐나다, 브라질, 아르헨티나, 유럽연합, 중국, 러시아 각국은 서로 협력하여 공동으로 개발하고 있다. 기대를 모으고 있는 차세대 원자로의 특징은 다음과 같다.

1. 같은 양의 연료로부터 지금보다 100~300배의 에너지를 얻을 수 있다.
2. 과거에 쓰고 남아 저장해둔 폐 연료까지 연료로 재사용할 수 있다.
3. 핵폐기물 양도 아주 소량이다.
4, 안전성이 더욱 확보된다.
5. 원자로 건설비용이 더 적게 든다.

차세대 원자로는 고속증식로

　천연에는 핵연료로 사용할 수 있는 우라늄과 토륨이 상당량 매장되어 있지만, 현재 핵연료가 되는 것은 U-235뿐이다. 과학자들은 핵연료를 연구하던 초기부터 천연우라늄의 대부분을 차지하는 U-238과, 우라늄보다 매장량이 더 많은 토륨을 연료로 사용하는 방법을 생각했다. 이러한 희망을 만족시켜줄 것이 제4세대 원자로라고 불리는 증식로(breeder reactor)이다.

　고속증식로는 늦어도 2030년대까지는 개발에 성공할 것이라고 전망하고 있다. 경수로에서 사용하는 연료는 U-235를 2~5%(평균 3%)까지 농축한 것이므로, 연료의 나머지 대부분은 핵분열이 불가능한 U-238이다. 만일 고속증식로가 완성된다면, 천연 우라늄의 99.3%를 차지하는 U-238을 그대로 연료로 사용하게 된다.

　증식로에서는 U-235에서 방출되는 중성자 일부가 U-238과 충돌하여 핵분열이 가능한 U-235와 Pu-239를 만들게 된다. 그러므로 증식로에서는 연료를 소비할수록 더 많은 핵연료가 증식하게 된다. '증식로'라는 말은 여기에서 생긴 것이며, 증식로를 흔히 '고속증식로'라고 하는 것은 증식로의 중성자가 고속이기 때문이다.

과학자들의 연구에 의하면 U-238의 절반 정도까지 핵반응이 가능한 연료로 변할 수 있다. 그러므로 현재의 경수로는 12~18개월마다 새 연료를 25%씩 교체하고 있는데, 증식로를 사용하게 되면 연료 교체 없이 원자로를 수십 년간 가동할 수 있게 된다. 뿐만 아니라 천연우라늄의 대부분을 연료로 사용할 것이기 때문에 지구가 가진 우라늄을 앞으로 수천 년 이상 여유롭게 사용할 수 있게 된다. 만일 바닷물 속의 우라늄까지 이용한다면 몇 백만 년이고 연료 걱정을 하지 않아도 된다.

그러나 증식로는 상업적으로 실용화하기까지 안정성에 큰 어려움이 따른다. 핵연료인 플루토늄 239가 480g 이상 모이면 자연적으로 연쇄반응이 일어나 핵폭탄이 된다. 이것이 바로 일본의 나나사키에 투하된 원자폭탄이다. 그리고 소련의 체르노빌 원자력발전소에서 발생한 사고는 플루토늄의 증산에 대한 조절이 잘못되어 일어났다.

또 다른 큰 어려움은, 냉각제로 물을 사용하지 못하고 액체 나트륨을 이용해야 한다는 것이다. 증식로 노심에서 가열된 액체 나트륨은 화학반응성이 대단히 강하여 공기와 접촉하면 폭발적으로 불타게 되고, 물과 섞이면 불꽃을 일으키며 폭발 반응을 일으킨다. 증식로에서는 이처럼 위험한 액체 나트륨을 노심에서 뜨겁게 달구어 그 열로 물을 끓이고 터빈을 돌려야

하는데, 그 과정이 기술
적으로 지극히 어려운
것이다.

일본은 지난 1995년
12월, 일본의 후쿠이 현
에 건설하여 시험 중이
던 '몬주'라는 출력
280MW의 실험용 증식
로가 나트륨 유출 사고
를 내어 시험을 중단해
야만 했다. 그러나 지난
2010년 5월, 이 몬주 증
식로는 운행 중단 14년
5개월 만에 다시 시험

마이크로소프트사를 창립한 빌 게이츠
는 자신의 재산을 인류를 위한 차세대
원자로 개발에 투자하기로 했다.

가동을 시작했다. 일본은 2050년까지 증식로를 상용
화한다는 계획을 가진 것으로 알려졌다.

차세대 원자로의 모델 가운데 다른 하나인 고열원
자로는 2020년경에 개발 완료되어, 2030년경에는 상
업용 발전소에서 이용할 수 있을 것으로 예상되고 있
다. 이 원자로는 노심의 온도가 섭씨 1,000도나 되기
때문에 고열(高熱)원자로라는 이름을 얻게 되었다.

지난 2010년 초, 마이크로소프트사의 창업자인 빌
게이츠(William Henry Gates III, 1955)는 미국의 원자력
벤처 기업 '테라파워'(TrraPower)를 세우고 실질적 소

유주가 되었다. 그는 테라파워가 일본의 도시바 회사와 손잡고 최장 100년간 핵연료를 교체하지 않고도 가동할 수 있는 차세대 원자로를 개발할 것이라고 발표했다. 두 회사가 계획하는 차세대 원자로는 고속중성자로(fast neutron reactor)이다. 2020년대에 실용화를 목표하고 있다고 보도되었다.

인류 최대의 희망 − 핵융합원자로의 개발

원자력에너지를 얻을 수 있는 물질은 가장 무거운 원소인 우라늄과, 반대로 가장 가벼운 원소인 수소이다. 무거운 원자인 우라늄의 핵은 깨어져 2개의 가벼운 원자핵으로 될 때, 질량의 결손이 생기면서 아인슈타인의 '질량과 에너지의 법칙'대로 방대한 에너지를 방출한다. 반면에 가장 가벼운 원소인 수소의 핵은 2개가 결합했을 때, 무거운 원소의 핵으로 되면서 역시 질량 결손이 생겨 에너지를 방출한다. 전자의 경우 '핵분열 에너지'라 하고, 후자의 경우는 '핵융합 에너지'라 한다.

이처럼 가장 가볍거나 무거운 원소에서 핵에너지를 얻기 쉬운 이유는 이런 원소의 원자 결합이 불안정하기 때문이다. 그래서 이들 원자는 적당한 조건이 주어지면 핵분열하거나 핵융합을 하여 보다 안정된 원자로 변하는 것이다. 주기율표상에서 원자번호가 60 근처인 원소들의 핵은 단단하게 결합되어 있어 안정한 원자핵을 구성하고 있다.

오늘의 원자력 과학자들은 꿈의 제4세대 원자로인 증식로가 개발되더라도, 궁극적으로 무제한 연료를 얻을 수 있는 핵융합 원자로를 개발하려고 애쓰고 있다. 중요한 이유 중에는 다음과 같은 것들이 있다.

1. 우라늄을 원료로 사용하는 증식로를 사용한다면 수천 년 동안은 연료 공급을 받을 수 있지만, 핵융합로를 개발하게 된다면 수백만 년이라도 연료 걱정을 하지 않아도 된다.

2. 핵융합 에너지는 고준위 방사성 폐기물이 생겨나지 않는 청정에너지이다. 특히 삼중수소는 반감기가 13년 정도로 짧은 저준위 방사성물질이다. 그리고 중수소만을 사용하는 D-D융합에서는 방사능이 거의 발생하지 않는다.

3. 핵융합 방식은 60% 이상의 에너지 효율이 있어, 핵융합로에서 발생한 열이 낭비되지 않는다.

4. 핵융합로에서는 물을 끓이는 과정을 거치지 않고, 양이온의 에너지를 직접 전기 에너지로 변환할 수 있다. 이것은 이론이지만, 그렇게 하면 90%의 효율을 얻을 수 있다.

5. 핵융합 발전에서는 대기오염과 기후 변화의 주범

이 되는 이산화탄소의 배출이 없다.

6. 이렇게 안전하면서 깨끗한 에너지를 무한정 생산할 수 있는 핵융합발전소는 도시나 공장지대 바로 옆에 건설해도 문제가 발생하지 않는다. 지금의 화력발전소라든가 원자력발전소는 외딴 곳에 건설하여, 그곳에서 도시나 산업시설까지 산과 들을 건너 장거리 송전을 해야 한다. 그러나 발전소가 근처에 있다면 송전시설과 송전비용 및 전력 손실이 크게 감소한다.

7. 핵융합원자로를 가동할 때는 핵무기 원료가 생산되지 않아, 테러집단이나 폭력적인 독재자에게 이용될 위험이 없다.

8. 핵융합로는 핵분열 원자로와는 달리 냉각에 실패하여 원자로가 녹아버리는 사고가 발생하지 않도록 설계할 수 있다.

핵융합원자로에서 나오는 에너지는 전력생산에만 필요한 것이 아니다. 오늘날 우리는 생활쓰레기와 산업폐기물 처리에 엄청난 예산과 노력을 들이고 있다. 이들 쓰레기는 쉽게 분해되지도 않고 온갖 화학물질까지 포함하고 있어 각종 공해의 원인이 되고 있다. 쓰레기나 산업폐기물을 빨리 분해시키려면 고온으로 태우는 방법이 있다. 그러나 소각하면 공해물질을 포함한 연기와 재가 발생한다. 그 때문에 쓰레기 소각로를 건설하려고 하면 언제나 주민들이 큰 소리로 반대한다.

1968년 미국의 버나드 이스트런드(B. J. Eastlund, 1938~2007)와 윌리엄 고흐(William C. Gough) 두 원자력 과학자는 핵융합로에서 발생하는 초고온과, 강력한 자외선을 이용하여 쓰레기를 없애는 '핵융합 소각 (fusion torch) 이론'을 발표했다.

쓰레기에 초고온과 강력한 자외선을 쪼이면, 쓰레기들은 순식간에 녹거나 타거나 분해된다. 이때는 공해의 원인이 되는 물질의 분자들이 초고온에 의해 무공해한 분자나 원자상태로 돌아갈 수 있다. 그러므로이 방법을 이용할 수 있게 된다면, 플라스틱을 비롯한 각종 폐유와 모든 쓰레기를 매우 경제적인 방법으로 쉽게 처리할 수 있을 것이다. 뿐만 아니라 온도와 자외선의 강도를 조절하면, 필요 없는 부분은 소각시키고 재생 가능한 부분은 남겨두거나, 화학적으로 분리하거나 하여 재활용할 수 있을 것이다.

많은 나라는 거대한 담수생산 시설을 하여, 바닷물을 증류하거나 화학적인 방법으로 처리하여 식수를 얻고 있다. 여기에는 막대한 전력이 소모된다. 핵융합 소각 이론에 따라, 초고온의 플라스마와 강력한 자외선을 활용할 수 있게 되면, 이 에너지를 대규모의 담수생산 시설에 이용할 수 있다. 그 외에 대규모 난방 시스템에도 이용하고, 화학공장에서는 광분해에도 이용할 수 있다.

겨울철에 연료비를 걱정하는 온실 농장에서는 그 열을 작물재배에 이용할 수 있어 식량과 채소 생산에 도움을 얻을 것이다. 또한 수중에 사는 하등식물인 클로렐라 등의 대규모 배양이라든가, 양식어업 등에도 활용할 것이다.

뿐만 아니라 식품공장과 식수생산 시설에서는 음식물과 음료수의 대량 멸균 방법으로 사용할 것이며, 연료전지의 제조에도 활용하고, 나아가 오존층 파괴를 염려하는 이때에 오존을 대량 생산하는 데도 이용될 것이다. 핵융합원자로의 에너지를 이용할 수 있는 곳은 앞으로 얼마든지 있을 것이다. 그러므로 핵융합원자로 개발은 금세기 가장 중요한 연구이며, 인류 번영에 대변혁을 일으켜 새로운 시대를 열어줄 것이다.

에너지 문제를 영구히 해결할 핵융합원자로

핵융합원자로의 연료가 되는 중수소(deuterium)는 모든 물에 소량씩 포함되어 있는 수소의 동위원소이며, 이는 화학적으로 안정하다. 한 과학자의 계산에 따르면, 지금 지구상의 물에 포함되어 있는 중수소를 전부 핵융합로의 연료로 사용한다면, 태평양에 담긴 물 500배에 달하는 석유의 에너지와 같을 것이라고 했다.

핵융합반응은 다음 4가지로 일어날 수 있다.

1) 중수소 + 중수소 → 헬륨-3 + 중성자 + 에너지 (3.2MeV)

2) 중수소 + 중수소 → 삼중수소 + 수소 + 에너지 (4.0MeV)

3) 중수소 + 삼중수소 → 헬륨-4 + 중성자 + 에너지(17.6MeV)

4) 중수소 + 헬륨 → 헬륨-4 + 수소 + 에너지 (18.3MeV)

(* MeV는 mega-electron volt를 나타낸다.)

그런데, 이러한 핵융합반응이 일어나려면 3가지 조건이 필요하다. 첫째는 1억도라는 초고온(임계온도, 수소폭탄은 원자탄을 폭발시켜 이 온도를 얻는다)을 얻는 것이다. 이러한 온도에서 중수소는 이온 상태가 되므로 이를 '플라즈마 가열'이라 한다. 두 번째는 임계온도가 약 10분의 1초 이상 지속되어야 하는 것이고, 3번째는 핵융합반응을 일으키는 중수소(이온 상태)의 농도가 1cm^{3}당 10^{15} 이상이라야 하는 것이다. 이때, 만일 이온의 농도가 낮으면 임계온도의 지속 시간이 더 길어야 하고, 반대로 임계온도의 지속시간이 길면 이온 농도는 다소 낮아도 된다.

핵융합원자로 토카막의 등장

핵융합반응로를 만들기 가장 어려운 점은 1억도의 온도에 견디는 융합로를 만들어야 하는 것이다. 사실상 이런 융합로는 만들 수 없는 것이므로, 중수소와 삼중수소는 제한된 공간(허공) 중에 가두어 둘 수 있어야 한다. 태양과 같은 곳에서는 자체의 거대한 중력에 의해 핵융합물질의 가둠이 가능하다. 그러나 지구상에서는 그것이 불가능하므로, 다른 방법을 찾아야 한다. 과학자들은 이온화된 핵연료를 공간 중에 가두어줄 수 있을 정도의 강력한 자장을 만드는 방법을 생각하고 있다. 그러자면 강력한 자장을 만드는데 엄청난 전력이 소모된다. 과학자들은 또 다른 방법으로 관성 가둠 방법도 연구하고 있다.

과학자들은 위의 4가지 핵융합로 중에서 3번째인 중수소(deuterium)와 삼중수소(tritium)의 핵융합로(D-T융합로)를 1차적으로 개발하려 하고 있다. 이 반응에서 발생하는 17.6MeV의 핵융합에너지를 열로 변화시켜 증기를 생산한 후, 터빈에 연결된 발전기를 돌려 전력을 생산하려는 것이다.

그런데 D-T반응에 사용할 삼중수소는 수소와 헬륨 다음으로 가벼운 리튬에서 인공적으로 만들어야 하는 제약이 있다. 리튬은 지구상에 제한된 자원이다. 그러므로 초기의 D-T 융합로를 개발하여 사용하는 동안, 바닷물에서 무한정 얻을 수 있는 중수소끼리 반응하는 D-D 융합로를 개발한다면, 그 이후에는 에너지 문제를 영원히 해결할 수 있게 된다. 과학자들은 이것이 핵융합원자로 개발의 궁극적 목표이다.

핵융합에 대한 실험 연구는 미국, 영국, 소련을 중심으로 본격적으로 시작되었으며, 각국은 비밀리 연구를 진행했다. 그러나 핵융합 연구가 초기에 생각했던 예상과는 달리 매우 어려운 연구라는 것을 알게 되었다. 그에 따라 과학자들은 1958년에 제네바에서 열린 국제 원자력 학술회의에서 그간의 연구 결과를 발표하면서, 앞으로는 서로 정보를 교환하면서 국제

영광원자력발전소 : 전남 영광의 원자력발전소에는 6기의 원자로가 총 6,000MW의 전력을 생산하고 있다.

적으로 공동연구를 하자는데 의견을 모았다.

  그로부터 10여년이 지난 1968년에 개최된 원자력 학술회의에서 소련의 물리학자들이 설계한 도넛 형태의 새로운 핵융합 장치가 소개되었다. 초고온의 플라스마를 진공의 공간에 가두는 방법에 대한 방법으로, 구소련의 과학자 이고르 탐(Igor Tamm, 1895~1971)과 안드레이 사하로프(Amdrei Skharov, 1921~1989)가 1959년대에 고안한 '토카막(Tokamak) T-3'라 불리는 방법 있었다. 이후부터 국제원자력기구 주관 하에 진행되고 있는 국제공동 연구 원자로는 토카막 방식으로 제작되고 있다. 토카막을 개발한 사하로프는 1953년 8월 러시아가 처음 실험한 수소폭탄을 개발한 주도적 물리학자였다. 평화주의자였던 그는 1973년에 노벨 평화상을 수상했다.

  핵융합로를 연구하는 데는 엄청난 노력과 연구비가 필요하다. 그래서 미국과 유럽연합, 러시아, 일본, 한국, 중국, 인도 등 7개국은 서로 협력하여 국제핵융합실험로(ITER) 건설을 추진하고 있는 것이다. ITER 참여국은 연구비용을 공동 분담하며, 국가에 따라 각기 다른 연구 품목을 할당하고 있다. 우리나라는 총 86가지 품목 중에서 초전도자석 등 10가지를 할당받은 것으로 알려졌다.

한국의 핵융합 원자로 KSTAR

ITER(국제핵융합실험로) 프로젝트에 참여한 우리나라는 7개국 가운데 핵융합 연구 역사가 가장 짧았지만, 선진 핵융합기술을 단시간에 따라 잡아 1996년부터 차세대 초전도 핵융합 연구 장치 건설에 착수했다. 1996년에 한미 핵융합 협정이 채결되면서, 한국원자력연구소의 과학자들은 미국 프린스턴 대학 플라즈마 물리연구소의 핵융합로를 참고하여, 11년만인 2007년 9월에 한국형 핵융합원

한국형 핵융합원자로 KSTAR는 대전시 유성구의 핵융합연구소에 설치되어 운영 중에 있다. KSTAR는 전자렌지의 원리처럼 메가헤르츠 대역의 전자기파로 플라즈마의 온도를 1억도까지 올린다(보다 자세한 내용은 '국가핵융합연구소' 홈페이지 참조).

자로 KSTAR(Korea Superconducting Tokamak Advanced Research)를 완공했다.

그로부터 10개월 후인 2008년 7월, 첫 시운전에서 성공적인 결과를 얻으면서, 세계 핵융합 연구를 선도해갈 수 있는 잠재력을 가진 장치로 인정받게 되었다. KSTAR는 대전광역시 유성구 '국가핵융합연구소'에 건설되어 있으며, 지름 10m, 높이 6m 규모이다. 초전도자석을 이용하여 플라스마를 진공 용기 내에 가두어두도록 만든 한국형 토카막 장치인 KSTAR 건설에는 우리나라 연구개발 역사상 단일 계획 예산으로 최대 규모인 4,000억 원의 연구비가 지원되었다.

보도에 의하면, KSTAR는 목표 이상의 결과를 계속 얻고 있으며, 핵융합 에너지 개발에 있어서 긍지와 자부심을 갖고 있다고 전한다. 또한 2022년까지 3억 도 이상의 플라스마를 300초 이상 지속시키는 것을 목표로 연구하고 있다고 한다. 우리나라가 독보적으로 핵융합 기술을 확보한다면, 세계의 에너지 시장 개척에도 선구적으로 진출할 것이다.

현재 세계의 핵과학자들은 토카막 이외의 방법에 대해서도 연구하고 있다. 인류가 핵융합에너지를 자유로 이용할 수 있는 날이 온다면, 그 넉넉한 전력으로 현재 과학자들이 마음껏 해보지 못하고 있는 초저온, 초고온, 초고진공, 초전도, 플라스마, 고주파, 입자가속기, 레이저, 신물질 개발, 우주과학 등의 실험을 적극적으로 할 수 있으므로, 과학기술은 더욱 눈부시게 발전해갈 것이다. 또 핵융합기술의 개발에 따라 파생하는 온갖 새로운 기술은 다른 산업의 발전에도 큰 효과를 줄 것이다. 아무튼 핵융합 개발은 지금까지 인류가 도전한 과학기술 중에서 가장 어렵고 첨단적인 기술이 필요한 최대 규모의 최장기 계획이다.

우리나라의 원자력 발전 현황

한국전쟁은 1950년 6월 25일 북한의 침략으로 시작되어 3년간의 긴 전쟁을 치르고 1953년 7월 27일 휴전했다. 미국 프린스턴 대학에서 철학박사 학위를 받은 우리나라 이승만 초대 대통령은 원자력에너지에 대해 누구보다 잘 알고 있었다. 그는 그 어려운 전시에도 원자력에 대해 배우도록 소수의 유학생을 미국에 보냈다.

이승만 대통령은 1953년에 한미방위조약을 채결한 뒤 3년만인 1956년에 미국과 원자력협정을 맺었으며, 이때 문교부에 원자력과를 신설토록 했다. 다음해인 1957년에 우리나라는 국제원자력기구(IAEA)에 가입하면서, 어려운 국가재정을 무릅쓰고 1959년에 연구용 원자로를 도입했다. 이 원자로는 1962년부터 가동하게 되었다.

이승만 대통령의 꿈은 박정희 대통령으로 이어져, 1978년 상업용 원자력발전소가 부산 인근 고리에 최초로 완공되었다. 이때부터 우리나라도 원자력시대가 시작되었다. 그로부터 30여년이 지난 2010년, 우리나라가 가동하고 있는 원자로는 총 20개가 되었고, 건설 중에 있거나 건설 계획인 것이 모두 8기이다.

2010년 초 원자력발전 총량은 전체 발전 양의 28.5%에 해당하는 17.5GWe(Giga watt electric)이다. 하지만 원자력발전소는 중단 없이 가동하고 있으므로 실제적으로는 총 소비전력의 40%를 생산하고 있다. 특히 우리나라 원자력발전소의 가동률은 93.4%인데, 이는 미국의 89.9%, 프랑스의 76.1%, 일본의 59.2%보다 높다. 그리고 안전도 역시 가장 높은 것을 자랑한다.(참고 : 제8장 한국원자력발전소의 오늘)

부산 고리에 우리나라 최초의 상업용 원자력발전소가 건설되었다. 고리에서는 4기의 원자로가 가동 중이고, 현재 2기가 건설 중에 있다.

우리나라 원자력발전소 현황(2010년)은 다음 표와
같다.

발전소 이름	위치	원자로 형	발전량 (메가와트)	완공 연도
고리-1	부산 기장	PWR	563	1978
고리-2	부산 기장	PWR	612	1983
고리-3	부산 기장	PWR	950	1985
고리-4	부산 기장	PWR	950	1986
울진-1	경북 울진	PWR	950	1988
울진-2	경북 울진	PWR	950	1989
울진-3	경북 울진	KSNP	1000	1998
울진-4	경북 울진	KSNP	1000	1999
울진-5	경북 울진	KSNP	1000	2004
울진-6	경북 울진	KSNP	1000	2005
월성-1	경북 월성	CANDU	629	1983
월성-2	경북 월성	CANDU	650	1997
월성-3	경북 월성	CANDU	650	1998
월성-4	경북 월성	CANDU	650	1999
영광-1	전남 영광	PWR	950	1986
영광-2	전남 영광	PWR	950	1987
영광-3	전남 영광	시스템-80	1000	1995
영광-4	전남 영광	시스템-80	1000	1996
영광-5	전남 영광	KSNP	1000	2002
영광-6	전남 영광	KSNP	1000	2002
신고리-1	부산 고리	OPR-1000	1000	2010년 준공 예정
신고리-2	부산 고리	OPR-1000	1000	2010년 준공 예정
신월성-1	경북 월성	OPR-1000	1000	2011년 준공 예정
신월성-2	경북 월성	OPR-1000	1000	2012년 준공 예정

신고리-3	부산 고리	APR-1400	1400	2013년 준공 예정
신고리-4	부산 고리	APR-1400	1400	2014년 준공 예정
신울진-1	경북 울진	APR-1400	1400	2015년 계획
신울진-2	경북 울진	APR-1400	1400	2016년 계획

* PWR : 가압경수로(Pressurized Water Reactor)
* KSNP : 한국 표준형 원자로
* CANDU : 캐나다가 개발한 가압중수로(Canada Deuterium Uranium Reactor)
* OPR-1000 : 한국형 원자로의 하나
* APR-1400 : 발전량이 40% 높은 한국형 원자로의 하나

원자력 관련 우리나라 중요 기구

* 한국전력공사(한국전력 : KEPCO)
* 한국수력원자력(주)
* 한국원자력연구원
* 한국발전기술회사
* 한국원자력발전기술원
* 국가핵융합연구소
* 원자력교육원
* 방사선보건연구원
* 한국원자력문화재단
* 원자력정보 관문국
* 한국원자력병원
* 한국원자력안전기술원
* 한국방사선폐기물관리공단

제 **6** 장

방사선과 방사성동위원소

방사선 발견 이야기

1896년 프랑스의 물리학자 베크렐(Henry Becquerel, 1852~1908)은 우라늄을 함유하고 있는 연한 갈색의 천연암석인 피치블렌드를 검은 종이로 싸서 사진 건판 위에 우연히 놓아두게 되었다. 그는 실수로 그 사진건판을 현상까지 해버렸고, 놀랍게도 거기에 피치블렌드의 영상이 나타난 것을 발견했다. 베크렐은 신기하게 여겨 다시 실험을 한 결과, 피치블렌드에서 눈에 보이지 않는 방사선이 방출된다는 사실을 발견했다. 그러나 그는 우라늄에서 방사선이 방출되는 현상을 최초로 발견하고도 그것이 무엇인지 알지 못했다.

이러한 소식을 접한 퀴리 부인(Marie Curie, 1867~1934)은 피치블렌드에 큰 관심을 가지고 조사를 계속한 결과, 피치블렌드에 포함된 우라늄의 무게에 비례하여 방사선의 양도 증가한다는 사실을 발견했다. 그녀는 이때 피치블렌드에 우라늄 외에 다른 알려지지 않은 원소도 포함되어 있을 것이라고 생각했다. 당시 세계의 물리학자들은 경쟁적으로 알려지지 않은 원소를 발견하려고 노력하고 있었다. 이후부터 그녀는 남편 피에르 퀴리와 함께 연구를 계속하여 폴로늄과 라듐이라는 원소를 처음으로 발견했다.

퀴리 부부가 라듐을 발견하고 10여년이 지나자, 피치블렌드가 산출되는 광산지역의 지하수가 피부병이나 신경통을 치료하는 효과가 있다는 소문이 퍼져, 라듐 광천(鑛泉)에서 목욕을 하려는 환자들이 몰려들었다.

모든 원소에는 화학적 성질이 같으면서 질량수(mass number)가 다른 형이 있다. 질량수는 양성자와 중성자 수를 합친 전체 수이며, 이것을 원자무게 또는 원자량이라 한다. 예를 들면, 탄소를 나타내는 주기율표를 보면, 원자번호는 6이고, 질량수는 12로 나타나 있다. 일반적인 탄소의 핵은 양성자 6개와 중성자 6개로 이루어져 있기 때문에 질량수가 12인 것이다. 따라서 일반 탄소는 C-12(또는 ^{12}C)로 표시하기도 한다. 그러나 탄소의 원소 중에는 핵에 6개의 양성자와 중성자를 7개 또는 8개를 가진 것이 있다. 이들은 질량수가 13과 14가 되므로, C-13, C-14로 나타낸다. 즉 탄소는 이처럼 3가지 동위원소가 있는 것이다.

수소(H-1)의 동위원소에는 중수소(H-2, ^{2}H)와 삼중수소(H-3, ^{3}H)가 있다. 자연계의 우라늄은 U-238이 99.3%이고, 약 0.7%는 U-235라는 동위원소이다. 그런데 반감기가 약 7억년인 U-235의 핵은 연쇄반응을 잘 일으키므로 핵탄두의 연료로 사용된다. U-235 원자는 불안정하여 끊임없이 붕괴되면서 방사선을 방출하고 다른 원소로 변해간다.

무색투명한 수정에 방사선을 쪼이면 자수정으로 변한다. 자연산 자수정도 있지만 방사선을 이용하여 자수정을 만들 수 있는 것이다. 이렇게 자수정으로 변하는 것은 방사선이 수정 분자에 변화를 주기 때문이다. 방사선은 투명한 수정만 변색시키는 것이 아니다. 무색의 다이아몬드에 쏘이면 방사선의 강도와 노출 시간에 따라 노랑, 초록, 파랑 등 여러 가지 색으로 바뀐다.

방사선은 자연방사선과 인공방사선 두 가지로 나뉜다. 수정을 변색시키도록 한 것은 인공방사선이고, 우라늄이나 라듐 등 자연 상태의 물질에서 나오는 방사선과 우주방사선은 자연방사선으로 분류된다. 방사선을 편의상 두 가지로 크게 나누기는 하지만, 성질은 모두 같다.

방사선이라고 하면 일반 사람들은 두려움부터 느끼지만, 오늘날 방사선은 질병의 진단과 치료, 의약품 생산, 농작물의 새로운 품종 개발, 금속이나 건축물 내부의 균열 진단, 미술품이나 화석 또는 고유물의 연도 감정, 식품의 완전한 멸균 등 수없이 많은 용도로 사용되고 있다. X-선은 발견 직후부터 의학적으로 이용되기 시작했으므로, 방사선 이용의 원조라 할 수 있다.

뼈의 이상이나 폐 조직의 건강을 조사할 때는 강한 투과력을 가진 X-선을 몸속으로 쏘아 촬영을 한다.

X-선이 투과하는 위치에 암 조직이 있거나, 조직에 이상이 있다거나, 뼈가 깨어지거나 금이 간 곳이 있다면 그 흔적이 필름 상에 나타난다. 만일 X-선 촬영 진단법이 발견되지 않았더라면, 몸속 뼈나 기관의 이상을 해부하지 않고 검사할 방법은 없을 것이며, 동전이나 다른 금속조각을 삼켰을 때, 탄환이 몸에 박혔을 때, 그들의 위치를 찾기는 매우 어려울 것이다.

1970년대에 개발된 양전자단층촬영장치(PET)라는 방사선을 이용한 인체영상 촬영기구가 있다. 이 장비는 방사선을 방출하는 약품을 몸에 주사하여 온 몸에 퍼지도록 한 후, 그 방사선을 체외에서 촬영하여 암을 조기에 발견한다. 암세포는 새로운 혈관을 활발하게 만들면서 증식하는 성질이 있다. 이럴 때 암세포는 다른 조직보다 포도당을 많이 소비한다. 그러므로 포도당에 방사성물질을 부착하여 몸에 주사한 뒤, 그 물질이 많이 모여 있는 곳을 PET 영상으로 조사하면 그곳이 암세포라고 생각할 수 있다.

방사성동위원소란 무엇인가?

방사성 원소(radioactive elements)란 핵이 불안정하여 알파 입자, 베타 입자, 감마선이라 불리는 전자기파를 방출하여 안정된 상태로 변하는 원소들을 말한다. 뒷페이지의 도표는 원자번호 순서에 따라 중요 방사선 원소들의 이름과 원자번호, 질량 수, 방출 방사선의 종류, 반감기를 나타낸 것이다. 방사선 원소에 대해 이해하려면 방사선 현상에 대해 얼마큼 알아야 한다.

1896년에 방사선이 처음 발견되면서 과학자들은 원자 내부의 작은 세계를 엿볼 수 있는 새로운 문이 열렸다. 결국 방사선의 발견으로 원자폭탄을 만들었고, 원자력 에너지를 이용하는 발전소를 건설하게 되었으며, 방사성 원소에서 나오는 방사선을 온갖 산업과 학문 연구에 이용할 수 있게 되었다. 방사성 원소를 더 잘 이해하려면, 먼저 '동위원소'(同位元素 isotope)와 반감기(半減期, half life)라는 용어에 대해 생각해 보아야 한다.

방사성이란 매우 신비스런 자연 현상의 하나이다. 우라늄과 같은 물질의 핵은 안정한 상태로 있지 못하고 끊임없이 감마선(gamma ray), 베타 입자(beta particle), 그리고 알파 입자(alpha particle)를 방출하고 있다. 감마선은 주파수가 아주 높은 전자기파이고, 베타 입자는 핵의 둘레를 도는 전자(또는 양전자)이며, 알파 입자는 헬륨의 핵이다. 우라늄은 이처럼 전자기파와 입자들을 방출한 결과 차츰 붕괴(방사성 붕괴)되어 다른 원소로 변하게 된다.

지구상에 존재하는 원소들은 많은 종류가 방사성 붕괴를 하는 방사성 원소이다. 그런데 감마선은 전자기파이긴 하지만, 라디오파 주파수와는 거리가 먼 주파수가 매우 높은 강력한 전자기파이다.

방사성 붕괴가 일어나는 원인을 이해하려면 원자의 구조를 생각해보아야 한다. 원자의 핵에는 양성자와 중성자가 있고, 이들은 매우 좁은 공간에서 서로 엉겨 붙어 있다. 핵에 있는 양성자들은 양전하를 가지고 있어 가까이 있으면 서로 밀친다. 양성자들이 서로 반발하는데도 원자가 깨어지지 않고 있는 것은 핵력(核力 nuclear force)이 있기 때문이다. 핵력은 전자기력보다 강하지만, 핵 내에서만 작용한다.

우라늄 원소는 핵에 92개나 되는 양성자를 가지고 있으므로 양성자 사이의 반발력이 핵력보다 강하다. 그래서 우라늄의 핵은 불안정하여 방사성 붕괴가 일어나고 있다. 그러므로 이런 불안정한 원소에 중성자를 타격하면 그 핵이 두 조각으로 갈라지기 쉽다. 그것이 핵분열이다. 이러한 핵분열 때 방출되는 에너지가 원자력이다.

방사성 붕괴는 3가지로 일어난다.

1, 알파 붕괴(alpha decay) - 헬륨의 핵(알파 입자라 부름)은 2개의 양성자와 2개의 중성자로 구성되어 있으므로, 알파 붕괴가 일어나면, 원자 무게가 4 줄고, 원자번호가 2 내려간 원소로 변한다.

2. 베타 붕괴(beta decay) - 전자가 방출된다.

3. 감마 붕괴(gamma decay) - 핵이 가진 에너지 준위

(energy level)만 감소한다.

동위원소의 종류는 수백 가지

일반적인 탄소는 그 핵에 6개의 양성자와 6개의 중성자를 가진 원자번호 6, 원자무게 12인 원소(C-12로 간단히 표현)이다. 그러나 탄소 중에는 핵에 중성자가 2개 더 들어 있어 원자번호는 6이면서 원자무게가 14인 것(C-14)이 있다. C-12와 C-14는 원자번호는 동일하면서 원자무게가 다른 동위원소이다.

탄소의 동위원소인 C-14는 핵이 불안정하여 베타붕괴를 한다. 만일 1g의 C-14가 있다면, 5,730년 후에는 그 절반만 남아 있게 된다. 이렇게 그 질량이 절반으로 감소하는데 걸리는 기간을 반감기라 한다.

동위원소의 종류는 원소에 따라 다르다. 우라늄에는 5가지 동위원소가 있고, 플루토늄에는 8가지가 있다. 아래 도표에서 '베타-'로 나타낸 것은 전자가 방출되는 것이고, '베타+'로 표시한 것은 양전자가 방출되는 것을 나타낸다.

방사성 원소명	원자번호	방출 방사선	반감기
Hydrogen (H)	1(3)	Beta Decay (β-)	12 years

Beryllium（Be）	4(10)	Beta Decay（β-）	2,700,000 years
Carbon（C）	6(14)	Beta Decay（β-）	5,730 years
Calcium(Ca)	20(41)	Beta Decay（β+）	100,000 years
Iron（Fe）	26(59)	Beta Decay（β-）	45 days
Cobalt（Co）	27(60)	Beta Decay（β-）, Gamma	5 years
Nickel(Ni)	28(59)	Beta Decay（β+）	80,000 years
Zinc(Zn)	30(65)	Beta Decay（β-）, Gamma	145 days
Selenium（Se）	34(79)	Beta Decay（β-）	70,000 years
Krypton（Kr）	36(85)	Beta Decay（β-）, Gamma	10 years
Krypton（Kr）	36(90)	Beta Decay（β-）, Gamma	33 seconds
Rubidium（Rb）	37(87)	Beta Decay（β-）	47 billion years
Strontium（Sr）	38(89)	Beta Decay（β-）	53 days
Strontium（Sr）	38(90)	Beta Decay（β-）	28 years
Yttrium（Y）	39(90)	Beta Decay（β-）, Gamma	64 hrs
Yttrium（Y）	39(91)	Beta Decay（β-）	58 days
Zirconium（Zr）	40(93)	Beta Decay（β-）	950,000 years
Zirconium（Zr）	40(95)	Beta Decay（β-）	65 days
Niobium（Nb）	41(95)	Gamma	4 years
Niobium（Nb）	41(95)	Beta Decay（β-）, Gamma	35 days
Molybdenum（Mo）	42(93)	Beta Decay（β+）	10,000 years
Technetium（Tc）	43(99)	Beta Decay（β-）, Gamma	210,000 years
Ruthenium（Ru）	44(103)	Beta Decay（β-）	40 days
Ruthenium(Ru)	44(106)	Beta Decay（β-）	1 year
Palladium（Pd）	46(107)	Beta Decay（β-）, Gamma	7 million years
Silver（Ag）	47(110)	Beta Decay（β-）, Gamma	249 days
Tin（Sn）	50(126)	Beta Decay（β-）	100,000 years
Antimony（Sb）	51(125)	Beta Decay（β-）	2 years
Tellurium（Te）	52(127)	Beta Decay（β-）, Gamma	105 days
Tellurium（Te）	52(129)	Beta Decay（β-）	67 minutes
Iodine（I）	53(129)	Beta Decay（β-）, Gamma	17.2 million years

Iodine (I)	53(131)	Beta Decay (β-), Gamma	8 days
Iodine (I)	53(134)	Beta Decay (β-), Gamma	52 minutes
Xenon (Xe)	54(133)	Beta Decay (β-), Gamma	5 days
Xenon (Xe)	54(137)	Beta Decay (β-), Gamma	4 minutes
Xenon (Xe)	54(138)	Beta Decay (β-), Gamma	14 minutes
Cesium (Cs)	55(134)	Beta Decay (β-), Gamma	2 years
Cesium (Cs)	55(135)	Beta Decay (β-), Gamma	2 million years
Cesium (Cs)	55(137)	Beta Decay (β-), Gamma	30 years
Cerium (Ce)	58(144)	Beta Decay (β-)	285 days
Promethium (Pm)	61(147)	Beta Decay (β-), Gamma	2 years
Europium (Eu)	63(154)	Beta Decay (β-), Beta Decay (β+), Gamma	16 years
Europium (Eu)	63(155)	Beta Decay (β-)	2 years
Lead (Pb)	82(210)	Beta Decay (β-), Alpha	21 years
Bismuth (Bi)	83(210)	Alpha	3 million years
Polonium (Po)	84(210)	Alpha	138 days
Radon (Rn)	86(220)	Alpha, Beta Decay (β+)	1 min
Radon (Rn)	86(222)	Alpha	4 days
Radium (Ra)	88(224)	Alpha	4 days
Radium (Ra)	88(225)	Beta Decay (β-)	15 days
Radium (Ra)	88(226)	Alpha	1,622 years
Thorium (Th)	90(228)	Alpha	2 years
Thorium (Th)	90(229)	Alpha	7,340 years
Thorium (Th)	90(230)	Alpha	80,000 years
Thorium (Th)	90(232)	Alpha	14 years
Thorium (Th)	90(234)	Beta Decay (β-)	24 days
Proactinium (Pa)	91(226)	Alpha, Beta Decay (β+)	2 minutes
Uranium (U)	92(233)	Alpha	162,000 years
Uranium (U)	92(234)	Alpha	248,000 years
Uranium (U)	92(235)	Alpha	713 million years
Uranium (U)	92(236)	Alpha	23.9 million years

Uranium (U)	92(238)	Alpha	4.51 billion years
Neptunium (Np)	93(237)	Alpha	2.2 million years
Plutonium (Pu)	94(236)	Alpha	285 years
Plutonium (Pu)	94(238)	Alpha	86 years
Plutonium (Pu)	94(239)	Alpha	24,390 years
Plutonium (Pu)	94(240)	Alpha	6,580 years
Plutonium (Pu)	94(241)	Beta Decay (β-), Alpha	13 years
Plutonium (Pu)	94(242)	Alpha	379,000 years
Plutonium (Pu)	94(243)	Alpha	5 years
Plutonium (Pu)	94(244)	Alpha	76 million years
Americium (Am)	95(241)	Alpha	458 years
Americium (Am)	95(242)	Beta Decay (β-), Beta Decay (β+), Alpha, Gamma	16 hours
Americium (Am)	95(243)	Alpha	7,950 years
Curium (Cm)	96(242)	Alpha	163 days
Curium (Cm)	96(243)	Alpha	35 years
Curium (Cm)	96(244)	Alpha	18 years
Curium (Cm)	96(247)	Alpha	40 million years

* ( )은 질량수

원자력 에너지가 되는 원소들

1. 우라늄(Uranium, U)

우라늄은 천연 원소 가운데 가장 무거운 원소이며, 거대한 에너지를 낼 수 있는 원자로와 원자폭탄의 물질이라는 것을 알고 있다. 우라늄 성분은 자연계에서 피치블렌드, 우라나이트, 옐로케이크, 모나자이트 샌드 등에서 발견된다. 세계 각 나라는 우라늄광을 함부로 개발하는 것을 엄격히 금하고 있다.

우라늄은 수천 년 전부터 색유리라든가 도자기의 유약으로 사용되어 왔다. 피치블렌드에 색다른 물질이 함유되어 있다는 것을 처음 발견한 때는 1789년이었으나, 우라늄을 처음 순수 분리하여 천왕성(Urnus)의 이름을 따서 우라늄(Uranium)이라는 이름을 붙인 때는 1841년이었다. 우라늄에서 방사선이 방출된다는 것은 프랑스의 물리학자 앙리 베크렐이 1896년에 처음 발견했다. 방사성 원소가 처음으로 발견된 것이다.

천연에서 발견되는 우라늄은 은백색의 밀도 높은 금속인데, 공기와 만나면 곧 산소와 반응하여 검은색으로 변한다. 자연계에는 우라늄-238이 99.28%, 우라늄-235가 0.72%, 그리고 우라늄-234가 0.03% 존재한다. 우라늄의 대부분을 차지하는 우라늄-238의 반감기는 약 45억년이다. 반감기가 길다는 것은 핵이 보다 안정적인 동위원소라는 것을 의미한다. 반면에 우라늄-235의 반감기는 약 7억년이고, 우라늄-234는 2,500만 년의 반감기를 가졌다.

이 3가지 우라늄 동위원소는 반감기가 길면서 방사능 방출도 약하다. 그러나 우라늄 핵이 붕괴되는 과정에 라돈과 폴로늄 등의 새로운 방사성 동위원소를 만들게 되고, 최후에는 안정된 원소인 납으로 변한다.

1930년대 말에 독일의 과학자 리스 마이트너와 오토 한은 우라늄에 중성자를 충돌시키면 핵이 깨져 바륨과 크립톤 같은 원소가 생겨난다는 사실을 발견했다. 이때 생겨나는 두 원소는 우라늄 원자 크기의 절반이다. 이처럼 핵이 쪼개지는 이유를 찾던 마이터너와 그녀의 조카이며 독일 물리학자인 오토 R. 프리슈는 중성자가 우라늄 핵을 분열시키고, 이때 몇 개의 중성자가 다시 발생하여 다른 우라늄의 핵을 분열시키는 연쇄반응이 나타남을 발견했다. 그들은 이런 현상이 우라늄-235에서 발생한다는 것을 곧 파악했다.

엔리코 페르미를 비롯한 과학자들은 이러한 핵분열 연쇄반응 속도를 적절히 조정하여, 연속적으로 막대한 에너지를 얻을 수 있는 핵분열 원자로를 1944년 시카고대학에 만들었다.

핵분열 원자로의 연료가 되는 우라늄-235는 우라늄-238보다 조금 가볍다. 우라늄-235를 얻으려면 우라늄을 기체 상태로 만들어 확산(diffusion)이라는 특수한 방법으로 분리해야 한다.

우라늄-238에 중성자를 충돌시키면, 인공원소의 하나인 플루토늄-239로 변하는데, 이것은 우라늄-235처럼 핵분열을 하는 성질을 가지고 있다. 오늘날 과학자들은 우라늄-238을 플루토늄-239로 만들면서 핵분열을 계속하는 증식로를 개발하려 온갖 노력을 하고 있다. 플루토늄-239는 핵무기 제조에 쓸 수 있다.

원자력발전소에서 우라늄을 연료로 사용하고 나면, 우라늄-235는 거의 소진되어 없고, 우라늄-238만 남는다. 이것은 포탄 등의 충격에 강한 군용 탱크의 외피 제조라든가, 세라믹의 발색제, 방사선 차폐 등에 이용된다. 우라늄을 취급할 때는 인체에 해로운 방사선에 노출될 위험이 있으므로 안전 규정에 따라야 한다.

암석의 나이를 조사할 때는 암석 속에 포함된 우라늄-238의 양과 납-206의 양을 비교하면, 반감기를 계산하여 나이를 알 수 있다. 이 방법으로 조사했을 때, 지구상에서 발견된 가장 오래된 암석의 나이는 45억 년이었다.

2. 플루토늄(Plutonium, Pu)

플루토늄은 우라늄으로부터 만드는 가장 중요한 인공원소이다. 이 초우라늄 원소(transuranium element)는 캘리포니아 대학에 설치되어 있던 입자가속기(cyclotron)를 이용하여 1941년에 미국의 화학자 글렌 시보그가 처음으로 인공합성했다. 이때 그는 우라늄에 중수소의 원자핵을 충돌시켜 만들었다.

중수소의 원자핵은 중양성자(重陽性子 deuteron)라 부른다. 중양성자는 수소의 동위원소인 중수소의 핵으로, 중성자 1개와 양성자 1개를 가졌다.

플루토늄(Plutonium)이라는 이름은 명왕성(Pluto)에서 따온 것이다. 플루토늄을 처음 합성하는데 성공했던 당시, 미국은 독일 및 일본과 전쟁을 계속하고 있었기 때문에 플루토늄 발견 사실을 발표하지 않았다. 인공합성 원소에 대한 정보는 전쟁이 끝난 뒤인 1946년에 공개했다.

플루토늄은 화학적으로 매우 활성이 강한 은색 금속이며, 공기와 접촉하면 산화반응을 일으켜 약간 노란색으로 변한다. 플루토늄은 강력한 방사선 에너지를 방출하기 때문에 취급 때는 각별히 조심해야 한다.

플루토늄은 15종의 동위원소가 있으며, 모두 방사성을 가졌다. 반감기가 24,400년인 플루토늄-239는 중성자를 쏘아주면 쉽게 핵분열을 하기 때문에 가장 중요하게 취급된다. 플루토늄-239는 우라늄-235처럼 2개의 원자(중간 크기)로 분열하면서 큰 에너지를 내놓는 동시에, 중성자를 더 방출하여 핵분열이 연쇄적으로 일어난다.

플루토늄은 원자로에서 대량 생산할 수 있다. 현재 연구 중에 있는 '증식로'라 불리는 미래의 원자로는 핵분열이 어려운 우라늄-239를 플루토늄-239로 바꾸어가면서 핵분열 반응을 계속하도록 설계하고 있다. 그래서 핵무기를 만드는 데는 플루토늄이 적당하다.

플루토늄-238은 반감기가 87년이고, 알파 입자만을 방출하며, 핵분열을 하지 않으므로 안전하다. 플루토늄-238에서 방출되는 알파 입자의 에너지를 열에너지로 바꾸면 전기를 생산할 수 있다. 달을 탐험한 아폴로계획 때는 이 원리에 따라 제조한 원자력 전지가 이용되었다. 그리고 이러한 원자력전지는 인공심장을 박동시키는데 이용되고 있다.

3. 토륨(Thorium, Th)

원자번호 92인 토륨은 방사성을 가진 은백색 금속이며, 공기와 접촉하면 매우 천천히 변색하여 몇 달이 지나면 검은색으로 된다. 순수한 토륨은 부드럽고 잘 늘어날 수 있는 성질을 가졌다. 대표적인 토륨-232는 자연계에서 발견되며, 방사성이 매우 약하다. 이것의 반감기는 무려 140억년이므로 거의 핵붕괴가 일어나지 않고 있다고 할 정도이다.

지구상에는 토륨을 함유하고 있는 암석이 많으며 매장량은 우라늄의 약 4배이다. 토륨은 지금 당장은 크게 중요시되지 않고 있지만, 장래에는 매우 값진 핵연료가 될 것이다. 토륨-232에 중성자를 충돌시키면 우라늄-233이라는 우라늄 동위원소로 변한다. 우라늄-233은 오늘날 핵연료로 쓰는 우라늄-235와 마찬가지로 핵분열을 할 수 있다. 그러므로 토륨은 미래의 중요한 핵연료가 된다는 것이다. 일부 원자력 과학자는 우라늄-233을 연료로 사용하는 원자로를 연구하고 있다.

토륨에는 25가지 동위원소가 알려져 있으며, 그중에

는 반감기가 수천만 분의 1초인 것도 있다. 토륨-232가 붕괴되면 11가지 다른 원소로 변하면서 최후에 납이 되는데, 이 과정을 '토륨 붕괴계열'이라 한다. 토륨은 마그네슘과 화합시켜 수천도의 열에 견디는 내열재(耐熱材)를

어둠 속에 둔 우라늄광에서 방사선이 희미하게 비친다.

만드는데 쓰기도 하고, 전자기구에서는 전자를 효과적으로 방출하는 장치에 사용하기도 한다.

인공으로 만든 초(超)우라늄 원소들

천연의 우라늄(원소번호 92)은 자연계에 존재하는 원소 중에서 가장 무겁다. 1940년부터 과학자들은 우라늄보다 더 무거운 인공 우라늄(초우라늄 원소 transuranium elements)들을 만들기 시작하여, 2010년까지 25개의 초우라늄 원소를 만들었다.

20세기의 핵물리학 발전을 선도적으로 이끈 과학자 가운데 한 사람인 이탈리아의 물리학자 엔리코 페르

미(Enrico Fermi, 1901~1954)는 1933년에 "대부분의 원소들은 그 핵이 중성자를 잘 흡수할 수 있으므로, 새로운 원소를 인공적으로 만들 수 있을 것이다."라고 생각했다. 그는 1934년에 우라늄 핵에서 방출되는 중성자를 이용하여 새로운 핵을 만드는 실험에 착수했다. 그러나 그의 실험은 성공을 거두지 못했다.

그러나 얼마 지나지 않아, 미국의 핵물리학자 에드윈 맥밀런(Edwin McMillan, 1907~1991)은 1940년에 우라늄 다음의 원자번호 93인 인공원소 넵투늄(neptunium)을 처음으로 만들었다. 이어서 같은 해, 미국의 물리학자 글렌 디오도어 시보그(Glenn Theodore Seabog, 1912~1999)는 원자번호 94인 플루토늄(plutonium)을 만들어냈다. 맥밀런과 시보그는 새로운 인공원소를 만든 공로로 1951년에 노벨 화학상을 함께 수상했다.

이후 초우라늄 원소가 계속 만들어졌으며, 아래의 표와 같이 각 원소에는 대부분 유명 물리학자들의 이름이 붙여졌다.

원자 번호	원소 이름	원소 기호	연관 이름	발견 연도
93	neptunium	Np	Neptune(해왕성)	1940
94	plutonium	Pu	Pluto(명왕성)	1940

95	americium	Am	America	1944
96	curium	Cm	Marie Curie	1944
97	berkelium	Bk	Berkely	1949
98	Californium	Cf	California	1950
99	einsteinium	Es	Albert Einstein	1952
100	fermium	Fm	Enrico Fermi	1951
101	mendelevium	Md	Dmitri Mendeleev	1955
102	nobelium	No	Alfred Nobel	1956
103	lawrencium	Lr	Ernest Lawrence	1961
104	rutherfordium	Rf	Ernest Rutherford	1966
105	dubnium	Db	Dubna(국제핵연구소 소재 러시아 도시 이름)	1968
106	seaborgium	Sg	Glenn T. Seaborg	1974
107	bohrium	Bh	Niels Bohr	1981
108	hassium	Hs	Hessen(국제화학연구소 소재 독일의 주 이름)	1984
109	meitnerium	Mt	Lise Meitner	1982
110	darmstadium	Ds	Darmstadt	1994
111	roentgenium	Rg	Wilhelm Conrad Röntgen	1994
112	copernium	Cn	Nicolaus Copernicus	2010

* 위의 표는 원자번호 112까지의 인공원소를 나타낸다.

제 7 장
세계를 변화시킨 원자력의 다용도

원자력으로 추진하는 군함과 상선

'원자력 에너지'라든가 '핵에너지'(nuclear power)라는 말은 원자의 힘을 파괴용이 아니라 산업이라든가 교통기관, 의료, 농업 등에 평화적으로 이용할 때 사용한다.

원자력 에너지는 원자력발전소에 이어 항공모함이라든가 잠수함의 동력으로 이용되기 시작했다. 현재 원자력으로 움직이는 선박은 150척을 넘으며, 그중에는 얼어붙은 극지 바다를 항해하는 원자력 쇄빙선도

미 해군의 첫 번째 원자력잠수함 노틸러스 호. 노틸러스(Nautilus)는 프랑스의 작가 줄 베르너가 쓴 소설 〈해저 2만리〉에 등장하는 잠수함의 이름이기도 하다.

최초의 원자력 항공모함이 된 엔터프라이스 호는 길이 342m, 배수량 89600톤으로, 순항속도는 시속 33.6노트(62.2km/h)이다. 이 항공모함은 취항 후 51년이 되는 2013년에 퇴역할 예정이다.

있다.

제2차 세계대전 동안 독일의 U-보트와 일본 군함들의 공격에 시달린 미국 해군은 전쟁이 끝나자 바로 원자력 에너지로 추진하는 잠수함과 항공모함을 건조하기 시작했다. 미국의 첫 핵잠수함 '노틸러스'호는 1955년에 진수했고, 핵 순양함 '롱비치'호는 1961년에, 그리고 핵 항공모함 '엔터프라이스'호는 1962년에 진수했다. 바로 뒤이어 소련은 1958년부터 핵잠수함 '레닌스키 콤소몰'호를 시작으로 수십 척의 원자력 잠수함을 건조했다.

미국의 첫 원자력잠수함 노틸러스 호는 추진력 13,400마력, 길이 97.5m, 무게 3,500톤, 잠항속도 23노트(43km/h)였다. 이 잠수함은 얼음으로 덮인 북극바다 밑을 처음으로 완전히 잠항할 수 있었다. 노틸러스호는 1980년에 퇴역하여 현재는 해상박물관에 전시되어 있다. 오늘날 미 해군은 수십 척의 원자력 잠수함을 보유하고 있다.

현재 미국, 러시아, 영국, 프랑스, 중국 등이 핵추진 군함을 보유하고 있다. 원자력으로 추진하는 함선들은 디젤 엔진에 비해 엔진이 소규모이지만 큰 힘을 낼 수 있으며, 연료 공급을 자주 하지 않아도 된다. 항공모함이나 잠수함은 대개 원자로를 2개 설치하여 만약을 대비하고 있다. 특히 엔터프라이스 호는 8개의 원자로를 가졌다.

독일은 1964년에 38메가와트의 원자력 화물선 '오토한'호를 진수했다. 오토한 호는 우라늄 22kg으로 463,000km를 항해했다. 이 원자력 화물선은 1979년까지 취항하다가, 이후 컨테이너선으로 개조하여 1983년부터 선주(船主)를 바꾸어가며 2009년까지 세계의 항구를 운항했다.

국토가 북극의 얼음바다로 둘러싸인 러시아는 얼음을 깨면서 항해하는 원자력 추진 쇄빙선을 1959년부터 취항시켜 현재 10여척의 원자력 쇄빙선을 보유하고 있다.

우주개발에 이용되는 원자력

인간의 달 착륙 프로젝트였던 미국항공우주국의 아폴로계획은 1961년부터 1975년까지 15년간 진행되었다. 그러나 이후로는 사람이 달 표면에 내리는 실험은 중단되었으며, 달보다 더 먼 행성으로 유인우주선을 보내는 계획은 아직 추진되지 않고 있다.

거리가 먼 화성이나 목성 또는 보다 아득한 우주로

러시아가 1992년에 진수한 원자력 쇄빙선 '야마이'호. 원자력 쇄빙선은 시속 10노트(19km/h)의 속도로 1.2~2m 두께의 얼음을 깨면서 항해할 수 있다. 이들의 최대 속도는 21노트(35km/h) 정도이다.

인간이 직접 우주비행을 하려면, 몇 년 또는 수십 년 수백 년의 시간이 걸리는 비행을 해야 하기 때문에 지금으로서는 불가능한 일로 생각된다. 그러나 과학의 발달은 불가능하다고 생각한 일을 많은 경우 앞당겨 실현해왔다.

만일 더 먼 우주를 탐험하려 한다면, 지금과 같은 화학연료를 사용하는 로켓이 아니라, 규모는 훨씬 작으면서도 더 강력한 추진력으로 더 빠르게 장기간 달릴 수 있는 원자력 로켓이 필요하다는 것을 사람들은 알고 있다. 어느 날, 원자력 로켓을 사용하여 화성탐험을 나선다면, 그때를 '원자력 우주시대'라 불러야 할 것이다. 과학자들은 화성탐험 시나리오를 이미 만들어두고 있다. 그 과정은 달 탐험과 비슷하다. 오늘날 원자력 과학자들은 머지않아 화성으로 인간이 가는 그런 날이 올 것을 확신한다.

원자력 추진 로켓

인간이 직접 우주선을 타고 원거리 우주여행을 하려면, 거리와 시간을 정복해야 하고, 원거리에서 지구와 통신을 원활히 할 수 있어야 하며, 식량생산이라든가 온도조절, 공기와 식수 생산 등 생명을 유지하는데 필요한 에너지를 비행 중에 자체적으로 넉넉히 얻을 수 있어야 한다. 그렇다고 우주선을 크게 만들면 제작비라든가 연료비 등의 비용이 너무 불어난다. 원자력 과학자들은 미래의 장거리 우주여행을 성공적으로 하기 위해서는 반드시 원자력 에너지를 여러 용도로 이용해야 한다고 믿는다.

장거리 우주여행을 하려면 로켓의 무게가 작아야 유리하다. 원자력 로켓은 무게를 줄일 수 있는 3가지 장점이 있다.

1. 지금의 로켓은 추진제로 화학연료와, 연료를 태울 산소를 사용하지만, 원자력 로켓은 가장 가벼운 수소만을 추진제로 사용한다.

2. 소형 원자로를 사용하므로 가벼운 우주선이 된다.

3. 원자력 연료는 소량이다.

단, 원자력 로켓은 지상에서 발사할 때는 방사선의 위험 때문에 지금과 같이 화학연료를 사용해야 한다. 그러나 무중량(무중력) 상태의 궤도에 오르면 이후부터 원자력으로 추진한다.

미국은 1959년부터 1972년 사이에 'NERVA'(Nuclear Engine for Rocket Vehicle Application)라는 이름을 가진 원자력 로켓을 개발하여 네바다사막에서 지상실험을 했다. 이 원자력로켓은 수소의 온도를 섭씨 2,000도 이상으로 가열하여 노즐로 분사한다. NERVA의 추진력은 같은 크기의 화학연료 로켓보다 2배 정도 큰 추진력을 낸 것으로 알려져 있다.

이 외에 미국은 더 작은 SNRE(Small Nuclear Rocket Engine)라는 원자력 로켓을 개발하여 실험하기도 했다. 러시아 역시 'RD-0410'이라는 원자력 로켓을 1965년부터 1980년대까지 개발하여 실험했다. 지금은 원자력 로켓의 용도가 급하지 않기 때문에 개발이 느리게 진행되고 있으나, 필요한 날이 오면 원자력로켓을 실용할 수 있게 될 것이다.

우주기지의 원자력 발전소

우주공간에 도시를 건설한다거나 달에 연구기지라든가 특별한 생산시설을 해야 할 때는 지구상에서처럼 화학연료로 물을 끓여 전력을 생산할 수 없을 것이다. 그렇다고 태양전지판을 넓게 펼쳐두고 전력을 얻기도 어렵다. 우주공간에서 날아오는 운석과 자외선이 언제 태양전지판을 파괴시킬지 모른다. 또 태양전지판은 그늘지는 장소나 시간대에는 기능을 하지 못한다.

우주기지와 달 기지에서는 물과 음식을 생산하고, 조명을 하며, 기지 내부의 온도를 적절히 유지하고, 우주방사선에 대한 보호시설, 통신 등에 막대한 전력이 소비된다. 특히 그곳에서 어떤 제품을 생산하기 위해 기계를 가동하거나, 짐을 운반한다거나 할 때는 더 많은 전력이 필요하다. 그러므로 우주시대가 오면 소규모 원자력발전장치가 필수적이다. 우주에서 사용할 원자력발전 방식에는 2가지가 연구되고 있다.

 1, 방사능물질의 방사선 붕괴 때 발생하는 열에너지를 직접 이용하여 전력을 생산하는 원자력전지를 만든다. 이런 전지는 소규모 보조 전지로 이용한다.

 2. 전력이 대량 필요할 때는 원자력발전소에서와 같이 원자로에서 발생하는 열을 이용한다.

 위의 두 가지 원자력발전 시스템에서는 한 번의 연료 공급으로 장기간 발전이 가능하다. 특히 플루토늄

달 표면에 우주기지가 건설되면 원자력 발전시설이 꼭 필요하다.

-238은 반감기가 87년이나 된다. 미국은 방사성 동위원소를 이용한 원자력전지를 1960년 초부터 개발하여 통신위성이라든가 기상위성, 내비게이션 위성 등에서 이용했다. 이런 보조전지는 SNAP(System for Nuclear Auxiliary Power)라 부른다.

화성보다 더 원거리에 있는 목성이나 토성 또는 다른 천체로 우주비행을 해야 할 때는 원자력 에너지가 더욱 필요하다. 우주선을 타고 태양으로부터 멀리 떨어져 간다면, 거리에 비례하여 태양에너지를 적게(거리 비례 제곱분의 1) 받게 된다. 화성은 태양으로부터 지구보다 1.5배 멀리 떨어진 궤도를 돌고 있으므로, 화성에서 받을 수 있는 태양에너지는 지구에서보다 절반 이하로 줄어든다. 만일 그곳이 목성이라면 27분의 1이고, 천왕성이라면 1,500분의 1로 줄어든다. 이처럼 태양전지는 우주선이 멀리 갈수록 기능을 하지 못한다.

만약 달에서 태양전지를 이용한다고 하자. 달의 표면은 14일간은 낮이고 14일간은 밤이 계속된다. 그러므로 밤이 되는 때에는 태양전지는 기능이 정지된다. 그러므로 달 기지에서는 반드시 원자력 에너지를 이용해야 한다. 달은 공기도 먼지도 없는 초(超)청정지역이다. 그러므로 달에서는 특별한 공기정화시설을 하지 않고도 반도체 제품을 만들 수 있고, 무균상태에서 의약을 제조할 수 있다. 또 달은 중력이 지구의

6분의 1 정도로 약하기 때문에 척추 환자들을 치료하는 장소로도 이용 가능하다.

우주개발시대가 열리면서 우주과학자들은 기상위성, 통신위성, 지상을 감시하는 첩보위성, 우주실험실, 우주정거장, 허블우주망원경 등 수천의 우주선을 궤도상에 올려두고 이용하게 되었다. 더구나 최근에는 내비게이션 위성, 무선 인터넷을 중계할 위성들까지 활용하게 되었으며, 앞으로는 더 많은 종류와 수의 위성을 이용하게 될 것이다. 만일 원자력전지로 전력을 얻을 수 없었더라면, 우주시대는 초보 상태에 머물러 있었을 것이다.

우주과학자들은 말한다. "콜럼버스가 신대륙을 발견한 이후부터 '탐험시대'가 열렸다. 다가오는 우주시대는 그때보다 더 흥미로운 우주탐험시대를 열어줄 것이다."

운석충돌 위기를 구할 원자력 에너지

미국의 파라마운트 영화사가 1998년에 제작한 공상과학 영화 <디프 임팩트>는 장기간 공연되면서 많은 인기를 끌었다. 이 영화는 한 청소년 아마추어천문가가 큰곰자리의 미자르 별 근처에서 새로운 혜성을 발견하면서 시작된다. 혜성을 처음 찾아낸 청소년은 그 사실을 천문학자 울프에게 알린다. 새 혜성의 이름은 청소년과 천문학자의 이름을 따서 '울프-비더맨'으로 불린다.

울프-비더맨은 직경이 11km나 되는 큰 혜성인데다 그 궤도가 지구와 충돌하게 되어 있었다. 만일 이 혜성이 충돌한다면 지구는 최후를 맞이할 것이었다. 미국과 러시아 과학자는 공동으로 '메시아'라는 유인우주선을 건조하여 혜성으로 보내 핵폭탄으로 혜성을 파괴하기로 한다.

혜성 폭파대를 태운 '메시아'호는 드디어 혜성에 접근하여 핵폭탄으로 파괴시킨다. 그러나 산산조각이 나기를 바랐던 혜성은 직경 2.5km인 혜성과 직경 9km인 혜성 2개로 분리만 되었을 뿐, 그들은 지구를 계속 향한다. 직경이 큰 혜성은 캐나다 서쪽에 떨어질 것이었고, 만일 그대로 낙하한다면 충돌 때 생긴 먼지와 재 등이 지구의 하늘을 2년 이상 뒤덮어, 공룡 멸망 때와 같은 현상을 일으킬 것이었다.

직경이 작은 혜성은 버뮤다 바다에 먼저 떨어져 메가츠나미(megatsunami)를 일으킨다. 메시아호의 혜성 폭파대는 대원의 희생을 감수하면서 기어코 큰 혜성에 접근하여 다른 원자폭탄으로 혜성을 파괴하는데 성공한다.

실제로 미국의 항공우주국은 2005년 7월 4일에 지

템펠 혜성을 찾아간 디프임팩트호. 싣고 간 작은 우주탐사체를 운석에 직접 충돌시켰다.

구 가까운 궤도를 지나가는 '템펠'이라는 혜성에 혜성 탐사선을 충돌시키는데 성공했다. 이때의 탐사선은 영화 <디프 임팩트>와 같은 이름을 가지고 있었으며, 혜성의 구조와 성분 등을 가장 가까이서 조사할 수 있었다.

혜성이나 소행성 등이 지구와 충돌할 확률은 지극히 적다. 그러나 지구 근처로 지나가는 궤도를 가진 혜성이 가끔은 발견되기도 한다. 지구상에는 여기저기 수백 개의 운석공(隕石孔) 흔적이 있다. 대표적인 것이 애리조나 사막의 대운석공이다.

지구상에 살던 공룡이 사라진 이유는 약 6,500만 년

전에 직경 10km 정도 되는 운석이 충돌한 때문이라고 과학자들은 주장한다. 그때 생긴 먼지와 재가 두터운 구름이 되어 장기간 태양빛을 가로막았기 때문에, 대부분의 식물이 죽었고, 그에 따라 공룡과 다른 동물들까지 사라지게 되었다는 학설이다.

만약 어디선가 거대한 운석이나 혜성이 접근하여 지구와 충돌할 위험이 있다면, 그때는 원자력로켓으로 추진하며, 원자폭탄을 몇 개 탑재한 원자력 <메시아호>가 꼭 있어야 할 것이다.

의학에 이용되는 X-선 방사선

의학에서는 원자력 그 자체가 아니라, 방사성물질에서 방사되는 에너지를 진단이라든가 치료의 방법으로 이용하고 있다. 방사선(放射線 radiation)이란 어떤 에너지가 공간을 투과하는 물리적 현상을 나타내는 용어이다. 방사선은 크게 2가지, 즉 전자기파 방사선과 입자방사선 두 가지로 크게 나눌 수 있다.

전자기파 방사선 : X-선과 감마선은 전자기파이므로 여기에 속한다.

입자 방사선 : 알파 입자, 베타 입자, 양성자, 중성자 등이다.

원자력의 의학적 이용에 대한 이야기는 X-선의 발견으로부터 시작해야 할 것이다. 왜냐하면 현대 병원에서 가장 중요한 진단장비인 X-선 사진을 비롯하여 MRI라든가 CT 등의 단층촬영이라는 것이 모두 X-선을 이용하는 것이기 때문이다.

역사적으로 X-선의 발견만큼 과학 발전에 큰 영향을 준 사건은 없었다고 할 수 있다. 일반적으로 사람들은 X-선 카메라를 병원에서 뼈나 폐를 촬영하여 병소(病所)를 진단하는 의료장비의 하나로만 알고 있을 것이다.

X-선을 처음 발견한 과학자는 독일의 위대한 물리학자 빌헬름 뢴트겐(Wilhelm Conrad Roentgen, 1845~1923)이다. 뢴트겐은 1895년에 X-선을 처음 발견한 공로로 노벨상을 처음 수여하는 1901년에 최초의 물리학상을 수상하는 영예를 차지했다.

당시 유럽 각국의 많은 물리학자들은 영국의 물리학자 윌리엄 크룩스(William Crookes, 1832~1919)가 1870년대 초에 발명한 진공관을 사용하여 온갖 신비스런 실험을 경쟁적으로 하고 있었다. 크룩스관은 유리관 내부의 공기를 뽑아낸 진공관으로, 관의 양쪽에 전극을 연결하고 고압전류를 걸어주면, 음극에서 양극 쪽으로 전자들이 쏟아져 나가게 된다. 그래서 이를 음극선관이라 부르기도 하지만, 발명자의 이름을 따서 크룩스관이라 부른다.

당시 뢴트겐은 크룩스
관을 실험하던 중에 형
광물질을 발라둔 금속판
에 자신의 손가락 뼈 그
림자가 슬쩍 비치는 것
을 목격했다. 그는 실험
을 계속한 끝에 크룩스
관에서 미지의 광선(ray)
이 방사되며, 이 광선은
두꺼운 종이, 목재, 알루
미늄 등을 투과할 수 있
고, 사진건판을 감광시
킬 수 있다는 사실을 발
견했다. 그는 눈으로 볼
수 없는 이 광선의 정체
를 알지 못해 'X-선'이라
부르면서 자신의 발견을
세상에 발표했다.

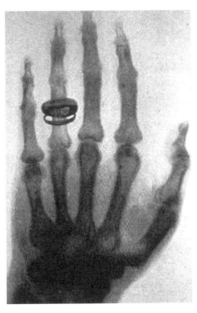

뢴트겐이 X-선 발견 사실을 발표할 때, 노 생물학자의 손을 찍은 최초의 X-선 사진이다. 손에 낀 반지의 모습도 잘 보인다. 오늘날 X-선 발생장치는 인체 내부만 아니라 가방 속에 숨겨진 무기라든가 마약 등을 조사하는 방법으로까지 이용되고 있다.

뢴트겐은 X-선의 발견을 강연 형식으로 처음 발표
했는데, 이 강연장에서 그는 실험대상이 되어준 여든
살의 생물학자 캐리커의 주름진 손을 찍은 뼈 사진을
보여주어 참석자들을 매우 놀라게 했다. X-선은 인체
의 내부를 투시하여 보여주었기 때문이다.

새로운 광선의 발견이 세상에 알려지자, 어떤 신문

에서는 "X-선으로 집을 비추면 방안의 모습도 볼 수 있을 것이다."는 기사를 쓰기도 했다. 몇 달도 지나지 않아 이러한 공상은 사라지고, X-선은 인체 내부를 진단하는 의료기구로 병원에서 사용되기 시작했다.

얼마 후, X-선이란 '파장이 짧고 높은 진동수를 가진 강력한 전자기파'라는 것을 알게 되었다. X-선은 파장이 0.01~10나노미터이고, 주파수가 3×10^{16}~3×10^{19}Hz 범위에 있는 전자기파이다. 이는 자외선보다는 파장이 짧고 감마선보다는 긴 범위에 있다. 이후부터 X-선은 'X-방사선', '뢴트겐 방사선', '뢴트겐선' 등으로 불리게 되었다.

X-선은 에너지의 크기에 따라 '연질 X-선(soft X-ray)', 경질 X-선(hard X-ray)으로 나누기도 하는데, 파장이 짧을수록 투과력이 강하다. 경질 X-선은 방사선 진단에서부터 화학물질의 분자구조를 조사하는 결정학(crystallography)의 도구에 이르기까지 수없이 많은 용도로 이용된다.

치료 도구가 된 감마선

X-선 발견에 뒤이어 과학자들은 라듐을 비롯하여 방사선을 내는 여러 물질(방사성물질)을 발견하게 되고, 그 물질에서 방출되는 방사선에 대하여 많은 사

실을 알게 되었다. 1929년에는 미국의 물리학자 어니스트 로렌스(Ernest Lawrence, 1901~1954)가 입자가속기(cyclotron)를 발명하여, 우라늄보다 더 무거운 인공 원소를 비롯하여, 방사선을 내는 인공 동위원소들을 여러 종류 만들 수 있게 되었다. 방사성물질에서 나오는 방사선(알파 입자, 베타 입자, 감마선) 중에서 감마선은 X-선처럼 강력한 에너지를 가진 전자기파이다.

1938년 미국의 의학자 조지프 해밀턴(Joseph Gilbert Hamilton, 1907~1957)은 핵물리학자들이 인공적으로 여러 가지 방사성 동위원소를 만들 수 있다는 소식을 들었다. 해밀턴은 인체를 구성하는 탄소, 수소, 산소, 질소, 칼슘, 인, 칼륨, 요드 등의 성분 중에서 방사선을 낼 수 있는 원소가 있다면, 그것의 이동경로를 추적하여 인체 내에서 일어나는 화학변화(신진대사) 과정을 조사하거나, 병을 진단할 수 있으리라고 확신했다.

그래서 그는 핵물리학자에게 나트륨, 칼륨, 염소, 브롬, 요드 등의 인공방사성원소를 만들어줄 것을 부탁했다. 처음 그는 갑상선 호르몬의 중요 성분인 요드가 인체 내에서 어떻게 합성되고 작용하는지 연구하기 위해, 감마선을 방출하는 동위원소 요드를 이용해보기로 했다. 핵물리학자들로부터 반감기가 8일인 방사성동위원소 요드-131을 입수한 해밀턴은 이 물질을 인체에 주사한 후, 방사선탐지 스캐너(가이거 계수관)를 이용하여 요드-131이 방출하는 방사선을 스캐너와 사진 등으로 추적함으로써, 요드가 이동하는 경로와 화학변화에 대해 여러 가지 새로운 사실을 밝혔다. 이어서 그는 요드-131로 갑상선 암을 치료할 수 있는 방법도 연구하기 시작했다.

이때 추적에 사용한 요드-131과 같은 동위원소는, 마치 비행기에 싣는 짐의 짐표라든가, 작은 송신기를 부착해둔 동물이나 새의 이동을 뒤쫓는 추적장치와 비슷하기 때문에, '동위원소 추적자'(isotopic tracer) 또는 간단히 '추적자'라고 부르게 되었다.

해밀턴은 여러 가지 방사성동위원소 추적자로 수많은 실험을 하여 방사선동위원소를 진단과 치료와 의학적 연구 방법으로 이용하는 길을 개척했다. 불행히도 그는 방사성물질을 계속해서 많이 취급한 탓으로 혈액암인 백혈병이 발병하여 49세에 별세하고 말았다.

또 다른 미국 의학자 조지 휘플(George Whipple, 1878~1976)은 반감기가 45일인 철의 동위원소(철-59)를 이용하여 혈액에 대한 새로운 사실들을 밝혀냈다. 철-59가 포함된 음식을 섭취하면, 그것은 적혈구의 헤모글로빈 성분으로 참여한다. 그는 방사선을 내는 적혈구를 스캐너로 추적함으로써 적혈구의 생성 과정, 이동 경로, 적혈구의 수명, 빈혈과 간과의 관계 등 혈

액에 대한 수많은 사실을 혁명
적으로 밝히게 되었다. 그는
방사선동위원소를 사용하여 이
룩한 빈혈에 대한 귀중한 연구
업적 때문에 1934년에 노벨 생
리의학상을 받았다.

1970년대 초에는 크세논-133
이나 크립톤-85와 같은 방사성
동위원소를 혈액에 넣어 거기
서 나오는 방사선의 흐름을 추

방아선 위험을 알리는 경고
사인

적하는 방법으로, 인체 각부의 혈액 이동 속도라든가,
몸속 각 중요 기관의 혈액 양과, 몸 전체의 혈액 양
을 정밀하게 측정하기도 했다. 이러한 방법의 발달은
심장과 혈관의 병을 진단하고 치료하는 길을 발달시
켰다. 만일 방사성물질을 이용하지 않았다면, 지금까
지도 이 같은 혈액 연구를 할 방법이 없었을 것이다.

이후 비슷한 연구가 급속히 전개되어 '방사선의학'
이라는 새로운 의학 분야를 탄생시켰다. 처음에는 방
사성원소를 구하기 어려워 연구 진척이 느렸으나, 입
자가속기와 연구용 원자로를 이용하여 여러 종류의
방사성동위원소를 대량 만들 수 있게 되면서부터, 이
분야의 연구는 의학 발전에 크게 공헌할 길을 열었
다. 과학자들은 새로운 동위원소가 발견되고 그것의
성질을 알게 되면, 바로 그 동위원소를 의학에 이용

하는 방법을 생각했다.

우리나라는 현재 원자력연구원에 연구용 원자로가 있고, 포항공대에는 가속기가 설치되어 있다. 앞으로 충남 연기군에 새로 건설하는 세종시에 더 훌륭한 가속기를 건설할 계획이었지만 유감스럽게 취소되었다. 연구용 원자로와 입자가속기는 핵물리학자나 화학자에게만 필요한 연구 장비가 아니라 방사선의학자, 방사선생물학자 및 방사선을 이용하는 수많은 산업현장에서도 필요한 것이다.

진단에 이용되는 핵의약(核醫藥)

병원에서 소장이나 대장에 암이나 다른 이상이 있는지 X-선으로 검사할 때, 의사는 공복 상태의 환자에게 황산바륨 가루를 상당량 먹도록 하여, 황산바륨이 소장과 대장에 가득하도록 한다. 이런 상태에서 환자의 소화기관을 X-선으로 촬영하면, 바륨은 X-선을 흡수하는 성질이 있기 때문에, 황산바륨으로 채워진 소화기관은 하얗게 나타난다. 그러면 검게 보이는 다른 조직과 확연히 구별되므로 의사는 하얀 부분의 영상을 면밀하게 조사하여 암 조직이나 기타 염증이 생긴 부분을 찾아낼 수 있다.

황산바륨과 같은 것은 X-선 촬영에서 그늘(影)을 만

드는 작용을 하므로, 병원에서는 조영제(造影劑)라 부른다. 조영제는 검사가 끝난 후에 바로 체외로 배출되어 인체에 부작용을 미치지 않는 것을 사용한다.

오늘날 의학자들은 병을 진단하거나 치료하는 방법으로 여러 가지 방사성 동위원소를 사용한다. 예를 들어 불소-18과 같은 물질을 인체에 주사하면, 이 물질은 암 조직이 있는 곳에 많이 모이는 성질이 있다. 그러므로 컴퓨터 단층촬영(뒤에 설명)을 하면 그 부위를 정확하게 찾아낼 수 있다.

이렇게 진단과 치료에 이용하는 방사성동이원소를 '핵의약'(nuclear medicine)이라 한다. 진단과 치료에 이용되는 대표적인 동위원소로는 탄소-11, 탄소-14, 질소-13, 산소-15, 갈륨-68, 나트륨-22, 불소-18, 칼슘-47, 비소-74, 수은-197, 금-198, 스트론튬-85, 아연-65, 철-59, 인-32, 세슘-137, 코발트-60, 인디움-111, 요드-123, 요드-131 등이 있다. 이들 핵의약 동위원소는 반감기가 짧고 약한 방사선을 방출하는 것을 사용하므로 인체에 해가 거의 없다.

어떤 핵의약은 암 조직에 모이는 성질이 있다. 암 조직에 집결한 의약으로부터 암세포를 파괴할 수 있는 방사선이 방출된다면, 그것은 인체의 암 부분만 선택하여 치료하는 놀라운 핵의약이 될 것이다.

우리나라 원자력병원은 방사선의 의학적 이용, 연구, 치료를 효율적으로 추진하기 위해 설립 운영되고 있는 국립의료원의 하나이다. 1963년에 방사선의학연구소로 처음 설립되어, 1977년에 원자력병원으로 발전했으며, 2002년에 원자력의학원으로 개편됐다. 현재 의학연구원 산하에는 원자력병원과 방사선의학연구센터, 국가방사선 비상진료센터를 두고 있다.

방사선과 컴퓨터를 이용한 CT와 MRI

X-선 촬영으로 뼈 사진을 찍으면 2차원의 평면 영상만 볼 수 있다. 1972년경부터 컴퓨터와 X-선 촬영 장치를 결합한 흔히 CT(computer tomography)라 부르는 진단장치가 개발되었다. CT는 검사할 부분을 여러 각도에서 X-선으로 촬영을 하고, 그 영상을 컴퓨터 프로그램으로 재구성하여 조직의 영상을 세부적으로 살펴볼 수 있도록 만든 것이다.

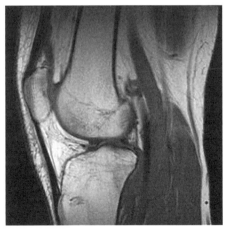

MRI를 사용하여 무릎의 연골을 촬영한 사진이다. 1980년대부터 실용화된 MRI는 인체의 내부를 전통적인 X-선 촬영이나 CT보다 더 선명하게 보여준다.

CT보다 더 정
밀한 진단장치
로 알려진 것이
MRI 또는 NMRI
(nuclear magnetic
resonance imaging)
라 부르는 자기
영상공명촬영장
치이다. MRI는
뇌나 신경, 연
골, 암 조직처

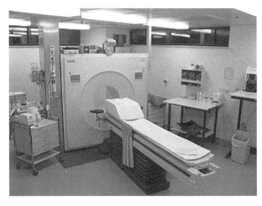

PET는 양전자를 방출하는 방사성동위원소에서 나
오는 감마선을 스캐닝하여 인체의 조직을 3차원
영상으로 촬영하는 첨단 진단 장비이다.

럼 부드러운 부분을 정밀하게 진단하는 첨단 영상 진
단 장비이다. MRI는 환자 몸에 강력한 자력장(磁力場)
을 작용했을 때, 인체의 수분을 구성하는 수소의 핵
이 자력장을 형성하는 것을 스캐너가 검사하여 컴퓨
터로 3차원 또는 4차원(시간을 포함함) 영상을 만든
다.

최근에는 CT를 더욱 개선한 PET(positron emission
tomography, 양전자 방출 X-선 단층촬영기)라는 진단
장치가 활용되고 있다. 이것은 특정한 방사성동위원
소를 인체에 주사했을 때, 그 방사성물질이 양전자(陽
電子)를 방사하며 붕괴할 때 생기는 감마선을 스캐닝
하여 3차원 영상을 얻는 진단 장비이다. 양전자
(positron)는 전자와 무게가 같으면서 전자와 반대되는

양전기를 갖는다. 양전자는 1932년에 처음 발견되었으며, 탄소-11, 질소-13, 산소-15, 플루오르-18 등 반감기가 짧은 방사성동위원소의 핵이 붕괴할 때 방출된다.

,

방사선을 이용한 암 수술

오늘날 암을 외과적으로 수술할 때는, 수술한 주변 조직에 방사선을 쬐어 보강 치료하는 방법을 적용한다. 이 방법은 암이 발생한 한정된 부분에만 정확하게 방사선을 적절하게 조사하기 때문에, 수술의 고통과 부작용이 적으며 수술 효과도 좋다. 또한 제거할 조직 이외의 정상조직에는 피해를 주지 않는다.

'내부방사선치료'(internal radiotheraphy 또는 brachyotheraphy)라 불리는 이러한 방사선치료법은 생식기관에 발생한 암이라든가 폐암, 피부암, 기관지, 입안, 머리, 눈 등에 발생한 암 수술에 적용된다. 내부방사선치료에 이용되는 중요 방사성동위원소에는 다음과 같은 것이 있다.

세슘-137 : 반감기 30년, 감마선 치료
코발트-60 : 반감기 5.3년, 감마선 치료
이리듐-192 : 반감기 74일, 감마선 치료

요드-125 : 반감기 60일, X-선 치료

팔라듐-103 : 반감기 17일, X-선 치료

루테늄-106 : 반감기 1년, 베타 입자 치료

이 외에 인공방사성동위원소인 캘리포늄-252와 같은 것은 새로운 치료 용도를 가지고 있다. 이것은 붕괴될 때 중성자를 방출하는데, X-선이나 감마선으로 제거가 어려운 특수한 암 조직에 대해 효과를 발휘한다.

방사선을 이용한 암 수술에 가장 잘 쓰이는 코발트(Cobalt)는 자연계에 0.003% 뿐인 매우 희소한 원소이다. 자연계의 코발트는 Co-59이며 매우 아름다운 청색(코발트색)을 가지고 있다. 특히 코발트는 자성(磁性)을 가질 수 있는 금속이어서 강력한 자석을 만들 때 이용된다. 코발트를 포함한 자석을 '알니코'(alnico)라 하는데, 이것은 알루미늄(Al)과 니켈(Ni) 그리고 코발트(Co)로 이루어진 합금이다. '코발트블루'($CoAl_2O_4$)라는 이름을 가진 화합물은 유리, 세라믹, 잉크, 물감, 도료 등의 색소로 이용된다.

자연계에서 산출되는 코발트-59에 중성자를 쏘면 방사성이 강한 코발트-60으로 변한다. 코발트-60은 X-선에 버금하는 강력한 감마선을 방출하며, 반감기는 5.3년 정도로 길다. 그래서 이것은 암 조직의 세포를 파괴하는 수술적인 도구로 매우 중요하게 이용되고 있다.

코발트-60에서 방사
되는 에너지는 원자
력 전지로도 이용된
다. 우주선에서 사용
하는 코발트 원자력
전지는 태양전지가
햇빛을 받지 못하는
시간에 필요한 전력
을 공급한다. 특히
초소형으로 만든 원
자력전지를 인체 내
부에 심어두면, 심장

심장 기능을 잃어버린 환자에게 시술(施術)하는 인공심장은 방사성동위원소의 에너지에 의해 동작하는 전력으로 혈액을 펌프질하도록 만든다. 인공심장으로 260일 이상 생존한 기록이 있다.

이 활동하도록 자극하거나 인공심장을 박동시키는 동력원(artificial heart pacemaker)으로 쓸 수 있다. 이런 방사선전지 심장 박동기는 한번 넣어두면 2년 이상 작동한다.

한편 과학자들은 비슷한 원리로 동작하는 신장투석기(腎臟透析器 dialyzer)를 개발해왔다. 신장투석기는 신장 기능이 나쁜 환자의 혈액 속에 포함된 노폐물을 인공적으로 걸러내는 중요한 의료장비이다. 방사선에너지를 이용하는 신장투석기는 소형이므로 운반과 사용이 편리하다.

코발트-60은 의약품 생산 시설에서 약품을 살균할

때, 음료수와 식품을 멸균할 때 매우 편리하게 이용한다. 만일 어떤 실험실이나 특수한 환자의 입원실을 세균이 전혀 없는 무균실(clean room)로 만들고 싶다면, 방사선으로 소독한 공기가 실험실로 들어가도록 하는 방법이 편리하다. 특히 정밀한 마이크로칩과 같은 전자부품을 생산하는 시설은 초무균(超無菌), 초무진(超無塵) 조건이어야 한다.

인체 세포가 코발트-60에 많이 노출되면 암세포로 변할 가능성이 있다. '코발트 폭탄'(일명 더러운 폭탄)은 원자폭탄 둘레를 코발트-59로 감싸둔 것이다. 원자폭탄이 터질 때 생긴 중성자가 이를 인체에 위험한 코발트-60으로 만들어 사방으로 퍼뜨릴 것이기 때문이다.

산업에 이용되는 방사선

오늘날 방사선은 수천 종류의 산업에서 이용되고 있다. 즉 금속, 전기, 교통기관, 광산, 화학 산업, 플라스틱을 비롯한 유리, 식품, 담배, 섬유, 석유정제, 천연가스 생산 등에 너무나 유용하게 이용되고 있다. 만일 방사선을 이용할 수 없었다면 오늘과 같은 산업 발달은 불가능했을 것이다.

물리학자들은 지금까지 알려진 약 300종이 넘는 동

우리나라 원자력연구원의 유일한 연구용 원자로인 '하나로'의 노심. '하나로'는 세계에 수출할 수 있는 연구로 모델이다.

위원소로부터 1,600종이 넘는 방사성동위원소를 생산하는데 성공하고 있다. 산업용 방사성동위원소는 입자가속기와 연구용 원자로에서 만들고 있다. 수많은 방사성동위원소 중에 산업, 의학, 과학연구에 이용되는 것은 100여 종이다.

산업에 이용할 방사성동위원소를 전적으로 연구하거나 생산할 목적으로 만든 원자로를 연구용 원자로(research reactor) 또는 동위원소 원자로(isotope reactor)라 부르며, 간단히 '연구로'라고 부르고 있다. 우리나라 한국원자력연구원의 '하나로'(HANARO)는 세계 최고 수준의 한국형 다목적 원자로로 알려져 있다. 방사성동위원소의 사용량이 증가하면서 연구로는 연구용으로부터 산업용으로 발전했다.

세계 여러 원자력산업 회사에서는 방사선을 검출하고 그 양을 측정하는 장비들을 여러 가지 개발하여 보급하고 있다. 이들 방사선 측정계기는 알파 입자, 베타 입자, 감마선 그리고 X-선 4가지에 대해 매우 정밀하게 측정하도록 만든다. 이들 장비는 간단히 손에 들고 다니는 것에서부터 용도에 따라 다양하게 만들고 있다.

방사선을 이용한 누수탐지

지하의 보이지 않는 송수관이라든가, 건물 속의 수도관에서 누수가 발생했을 때, 그 위치를 정확히 탐지하는 방법으로 방사선동이원소가 편리하게 이용된다. 인체에 위험이 없고 반감기가 짧은 방사성동위원소를 유입시킨 뒤, 방사선이 누출되는 지점을 방사선 검출기로 추적하여 찾는 것이다. 이러한 누수탐지 방법은 화학공장의 복잡한 배관이라든가 저장탱크 등에서 새는 곳을 찾을 때도 이용된다.

이런 탐지는 액체만 아니라 기체에 대해서도 할 수 있다. 지하 가스배관 탐지라든가, 천연가스와 같은 기체의 누설(漏泄)과 흐름 상태를 파악하는 데는 크세논과 같은 방사성 기체가 이용되기도 한다. 정유공장이라든가 화학제품 생산 공장 등에서는 화학물질의 이동 상태, 생산량, 반응속도 등을 알아내는 방법으로 코발트-60이라든가 니오븀-90과 같은 방사성동위원소를 이용한다.

화학공장이라든가 기타 산업시설에서 방사성을 이용할 방법은 생각에 따라 얼마든지 있다. 어떤 농약 회사에서는 살균제나 살충제가 나무속으로 얼마나 깊이 침투하는지 조사하는데 방사성동위원소를 이용한다. 심지어 도로에 발라둔 중앙선이라든가 다른 교통 표시용 페인트가 얼마나 빨리 마모되는지 조사하는 방법으로도 이용한다.

원자력시계가 된 세슘-137

산업에서 잘 이용되는 방사선동위원소에는 세슘(Cesium)이 있다. 자연계에서 산출되는 세슘은 원자번호 55이며, 원자량 133(Cs-133)인 무르고 은색 나는 금속이다. 그러나 이 원소는 온도가 섭씨 28도 이상이면 액체상태가 된다. 낮은 온도에서 액체 상태로 존재하는 5가지 금속이 있다. 그 중에 대표적인 원소는 수은으로, 섭씨 영하 39도 이상이면 액체가 된다. 그 외에 프랑슘은 27도, 갈륨은 30도, 루비듐은 39도 이상이면 액체가 된다.

순수한 세슘은 화학반응을 매우 잘 일으키는 성질이 있어 공기 중에서 불을 붙이면 타버리고, 물에 넣으면 폭발한다. 그러므로 세슘은 위험물질의 하나로 취급받는다. 또 이 원소의 어떤 합금은 영하 116도 이상이면 액체 상태로 있다.

현재까지 세슘의 동위원소로는 39가지가 알려져 있는데, 그 원자량은 112~151까지이다. 이들 중에 Cs-133은 안정적이다. 그러나 Cs-137은 베타 입자를 방출하고 바륨(Ba)-137로 변하는데, Ba-137은 감마선을 방출한다. 소련의 체르노빌 원자력발전소 사고 때 가장 큰 피해를 준 방사선동위원소는 바로 Cs-137이었다.

세슘-133을 이용한 원자시계는 국제시간의 기준이 된다. 과학이 발달하고 세계화가 되면서 국제적으로 기준이 되는 시간이 정해졌다. 1955년 이전에는 수정(水晶) 분자의 진동수를 국제표준시간으로 이용했으나, 보다 정밀한 시계가 필요해지면서 1967년부터는 세슘을 이용한 원자시계를 시간의 기준으로 삼게 되었다.

세슘-133에 일정한 에너지를 주면 1초에 9,192,631,770Hz로 진동한다. 그러므로 세슘 원자시계는 약 90억분의 1초까지 측정이 가능하다. 국제표준기구는 1967년에 이러한 세슘 원자의 진동수를 시간의 기준으로 삼기로 했다. 우주선을 이용한 통신, 내비게이션, 우주선의 비행, 원자의 연구 등에서는 표준시간이 매우 중요하다. 현재 기준이 되는 세슘 원자시계는 약 1,700만년 동안에 1초 정도의 오차가 발생한다.

국제표준국이 스위스에 특별히 설치한 이 초정밀 세슘 원자시계는 3000만년에 1초 정도의 오차가 발생할 수 있다.

방사선으로 하는 비파괴검사

X-선 사진은 주로 병원에서 진단용으로 사용하지만, 코발트-60이나 이리듐-192를 이용하는 방사선사진은 산업에서 매우 중요하게 이용된다. 예를 들어 보일러라든가 증기 발전기, 화학반응로 등은 매우 높은 압력에 잘 견뎌야 하는 특성을 가지고 있다. 만일 이들 제품의 어딘가에 결함이 있다면 사용도중에 폭발할 위험이 있다. 이럴 때 병원에서 X-선을 조사하듯이 감마선을 쏘아 그 영상을 사진건판이나 형광판으로 받아 조사하거나, 방사선 계기를 사용하면 결함이 있는 부분을 찾아낼 수 있다.

이러한 방사선사진은 선박이나 건축물의 내부에 깨

어진 곳이 없는지 검사할 때라든가, 트레일러에 실려 있는 짐을 쌓아둔 그대로 검사할 때도 이용된다. 만일 콘크리트 벽에 감마선을 쏘아 벽을 투과해 나온 방사선을 측정한다면, 벽의 두께를 측정할 수 있다.

방사선사진을 이용한 검사는 비파괴적인 방법으로 이루어지므로 '비파괴검사'(non-destructive testing)라고 말한다. 비파괴검사에는 중성자를 조사하는 방법도 많이 이용된다. 중성자는 물질에 따라 투과 성질이 다르다. 예를 들면 물이라든가 플라스틱, 기름, 유기물 등은 투과하지 못하고, 금속 중에 납, 알루미늄, 철 등은 잘 투과하는 성질이 있다.

X-선이나 감마선 발생 장치로 중요하게 사용하는 것이 베타트론(betatron)이다. 베타트론은 가속기의 일종으로, 1940년에 미국의 물리학자 도널드 커스트 (Donald Kerst, 1911~1993)가 처음 개발한 것이다. 베타트론은 진공관에서 나오는 X-선이나, 동위원소에서 방출되는 감마선을 전자기적인 방법으로 강력하게 만든다.

공항검색대의 X-선 검사장비

공항에서는 승객의 가방에 X-선을 투과시켜 내부에

담긴 물건을 모니터로 조사한다. 국제우체국에서는 비슷한 방법으로 통관물품의 내부를 검사한다. 검사관들은 전문적인 눈으로 영상을 살펴 무기라든가 기타 불법적인 물건을 찾아낸다. 만일 승객의 가방을 일일이 열어 검사하자면 시간도 많이 걸리지만 승객은 여러 가지 불편을 느낀다. 근래에는 몸에 흉기나 폭탄 또는 마약 등을 숨기고 탑승하는 사람을 찾아내기 위해 출입국 검사대 입구에서 X-선으로 온몸을 투과시켜 검사하기도 한다.

방사성동위원소들의 화학적 성질을 연구하고, 그들을 화학적으로 이용하는 연구 분야를 '방사선화학'(radiation chemistry)이라 한다. 지난 반세기 동안 이루어진 놀라운 화학 및 화학공업 발전에는 방사선화학이나 동위원소공학의 도움이 컸다. 예를 들면, 방사선을 처리함으로써 거의 3배나 강한 콘크리트를 만들기도 하고, 3배 가까이 질기고, 탄성이 좋은 화학섬유, 강화 플라스틱, 비닐, 합성고무 등을 생산하게 되었다. 강화 플라스틱은 송유관, 송수관, 담수화공장이나 정유공장의 배관 등에 이용되고 있다. 오늘날 방사선동위원소는 다양한 물질의 합성과 화학 성분 분석, 화학 공정(工程) 등의 연구에 활용됨으로써 새로운 화학물질의 세계를 열어가고 있다.

방사선동위원소는 공해물질을 추적하는 방법으로도

잘 이용되고 있다. 예를 들어, 석유를 사용하는 화력 발전소에서 배출되는 가스에는 황의 화합물이 포함되어 있어 피해를 주고 있다. 이러한 공해 가스의 배출량이라든가 피해 범위 등을 추적하는 방법으로 황의 방사성동위원소 S-34가 이용되기도 한다.

방사성동위원소를 이용한 연대측정

과학자들은 방사성동위원소의 성질을 이용하여 지구의 나이라든가 화석과 고유물(古遺物) 등의 나이를 매우 정확하게 측정할 수 있다. 어니스트 러더퍼드는 1905년에 방사성 우라늄의 반감기를 이용하여 지구의 나이를 추산하는 방법을 발견했다. 그때 그는 지구의 나이가 약 45억년이라고 추정했다.

방사선동위원소 연대측정법이 알려진 이후, 고고학자들은 이스라엘에서 발견된 두루마리 성경이 약 2,000년 전에 기록된 것임을 밝혔다.

방사선 연대측정법이 가장 극적으로 실시되어, 세상 사람들을 놀라게 한 사건이 오래 전에 있었다. 영국의 인류 진화학자 루이스 리키(Louis Leakey, 1903~1972)가 아프리카 탄자니아의 올두바이 계곡에서 고대 인류의 두개골을 발견한 것이다. '진잔트로푸스'라 불리게 된 그 두개골은 방사선 연대측정 결과, 약

175~200만 년
전의 인류 화석
으로 판단되었다.

이때 인류 화
석의 나이를 측
정한 방법은, 뼈
의 성분인 칼륨
-40이 아르곤-40
으로 변하는데
걸리는 반감기가
13억년인 것을
이용한 것이다.
지금은 500만 년
전의 것으로 보
이는 더 오랜 인
류 조상 화석이
발견되고 있지만,

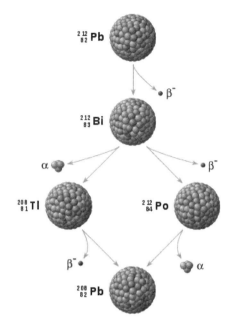

방사성을 가진 납-212가 안정된 원자인 납-208
로 변하는 과정을 타나낸다. 베타는 전자의 방
출이고, 알파는 양성자의 방출이다. TL은 탈륨,
Po는 폴로늄, Bi는 비스무트를 나타낸다.

당시에는 인류 역사를 수만 년 정도로 추산하고 있었
으므로, 상상치도 못한 오랜 인류 화석을 발견한 대
사건이었다.

방사성탄소 연대측정법은 과거에 아프리카대륙과
남아메리카 대륙이 서로 붙어 있었다는 증거를 제공
하기도 했다. 독일의 지구물리학자 알프레드 베게너
(Alfred Wegener, 1880~1930)는 1915년에 "지구는 과거

에 한 덩어리의 큰 대륙이었으나 약 2억 5천만 년 전에 오늘과 같은 모습의 대륙으로 갈라졌다."고 하는 '대륙표류설'(지금의 '판구조론')을 주장했다. 베게너의 학설은 약 반세기가 지난 후 사실로 받아들이게 되었다.

그의 학설을 뒷받침한 여러 증거들 중에는 방사성동위원소 연대측정 결과가 있다. 즉 아프리카의 나이지리아 지역과 브라질 동부 지역의 지질연대를 스트론튬-87(루비듐-87로 붕괴)과 칼륨-40(아르곤-40으로 붕괴)의 반감기를 이용하여 측정한 결과, 두 대륙의 지질연대가 동일한 것으로 나타났던 것이다.

방사성동위원소 연대 측정은 아폴로계획 때 달에서 가져온 암석들의 연대를 조사하는데도 이용되었다. 방사성동위원소 중에 반감기가 긴 것에는 다음과 같은 것들이 있다.

우라늄-238 → 납-206 (반감기 45억 년)

우라늄-235 → 납-207 (반감기 7억 년)

사마륨-147 → 네오디뮴-143 (반감기 2천억 년)

루비듐-87 → 스트론튬-87 (반감기 500억년)

요드-129 → 크세논-129 (반감기 1,700만 년)

알루미늄-26 → 마그네슘-26 (반감기 72만 년)

우라늄-234 → 토륨-230 (반감기 8만 년)

우라늄-235 → 프로트악티늄-231 (반감기 3만 4,300

년)

방사성탄소(C-14)의 위대한 공로

생물학이라든가 의학, 농학 연구에서 가장 잘 이용된 방사성동위원소는 탄소-14이다. 공기 중에는 소량(0.039%)의 이산화탄소(CO_2)가 포함되어 있다. 식물의 엽록소는 이 이산화탄소와 물을 결합시켜 탄수화물을 만드는 광합성작용을 한다. 이렇게 생산된 탄수화물은 지방, 단백질, 핵산, 섬유질, 효소, 호르몬 등 모든 유기물의 주원료가 된다.

원자번호 6번인 탄소(炭素 carbon)는 지구상에 0.09% 정도 존재하며, 그 핵은 6개의 양성자와 6개의 중성자를 가지고 있는 원소이다. 탄소는 식물과 동물의 몸을 구성하는 분자의 중심을 이루는 성분이다. 화학에서 '유기화학'(有機化學)이라고 하면 탄소가 포함된 화합물을 연구하는 분야를 말한다. 분자 속에 탄소를 가진 화합물의 종류는 현재 500만 가지 이상 알려져 있다. 석탄이라든가 석유는 고대에 형성된 유기물이다.

탄소는 매우 흥미로운 원소이다. 자연계에서는 탄소가 순수한 상태로 존재하기도 하는데, 흑연이라든가 다이아몬드가 바로 순수한 탄소이다. 석탄의 40-50%

와 숯의 대부분은 탄소이다. 숯이나 석탄의 탄소, 연필의 흑연, 가장 단단하고 투명하며 굴절률이 좋은 다이아몬드는 물리화학적 성질이 아주 다르지만 원소 기호 'C'로 표시하는 탄소이다. 같은 원소이면서 물리화학적 성질이 다른 원소를 동소체(同素體, allotrope)라 부른다. 유리와 수정은 규소(Si)의 동소체이다.

지난 1991년 독일의 한 여행자가 알프스의 슈날스탈 빙하를 지나가다가 얼음 속에 반쯤 파묻힌 수천 년 전의 남성 미라를 발견했다. 미라의 옆에는 그가 입었던 풀로 짠 옷도 있었고 망치를 닮은 연장도 있었다. 과학자들은 이 미라를 방사능 측정법으로 조사하여 약 5,300년 전에 눈 속에 파묻힌 사냥꾼이라고 판정했다. '아이스맨'(Iceman)으로 불리는 그 남자는 얼음 위에서 죽을 당시 키는 165cm, 체중은 50kg, 나이는 50세 정도인 것으로 파악되었다. 그의 시신은 죽자마자 눈으로 뒤덮여 5,000년이 넘도록 변치 않고 남게 된 것이다.

오래된 화석이나 유물, 예술품 등의 나이를 측정하고, 수억 년 전 지질시대(地質時代)의 연대(年代)를 조사할 때는, 그 속에 포함된 유기물에서 나오는 탄소 분자의 방사능을 측정함으로써, 그 유기물이 형성된 연대를 측정할 수 있다. 이것을 '방사성 탄소 연대 측정법'(radiocarbon dating)이라 한다.

유기물(有機物)이란 생물체의 몸을 구성하는 모든 종류의 화합물을 말한다. 유기물은 탄소동화작용에 의해 생겨나므로, 그 중심이 되는 성분은 탄소이다. 즉 공기 중의 탄산가스(CO_2)를 구성하는 탄소야 말로 광합성 과정을 거쳐 만들어지는 탄수화물, 섬유소, 지방질, 단백질, 효소 등 모든 생물체의 기본 성분인 것이다.

자연계에 존재하는 99%의 탄소 원자는 12개의 전자와, 핵에 6개의 양성자와 6개의 중성자를 가지고 있다. 그래서 탄소의 원자번호는 12이고, 화학식으로 C-12(또는 ^{12}C)로 나타낸다. 그리고 나머지 1%는 핵에 중성자를 1개 더 가진 탄소의 동위원소(同位元素)인데, C-13(^{13}C)으로 나타낸다. 그런데 극히 일부(공기 중의 약 10억분의 1%)는 6개의 양성자와 8개의 중성자를 가진 동위원소이다. 이를 탄소-14(C-14, 또는 ^{14}C) 동위원소라 부른다. 매우 흥미롭게도 탄소-14는 방사성을 가지고 있어, 베타선을 방출한 후에 질소-14로 변한다. 그 때문에 탄소-14는 '방사성 탄소'(radiocarbon)라는 이름을 가지게 되었다.

자연계에 존재하는 방사성탄소를 처음 발견(1940년)한 사람은 미국 캘리포니아 대학 방사선 연구소의 두 물리화학자 마튼 케이먼(Martin Kamen, 1913~2002)과 샘 루벤(Sam Ruben, 1913~1943)이었다.

자연계에 극소량 존재하는 C-14는 C-12와 함께 탄소동화작용에 참여하기 때문에, 유기물의 극히 일부분은 C-14를 포함하게 된다. C-14가 N-14로 변하는데 걸리는 반감기(半減期 half-life)는 약 5,730년이다. 즉 1,000개의 C-14 원자가 500개의 C-14 원자로 줄어드는 데 걸리는 시간이다. 그리고 다시 그 절반인 250개의 C-14 원자로 감소하려면 추가로 5,730년(합계 11,460년)이 필요하다.

그러므로 어떤 생물체가 죽어 지하에 묻혀 화석이 된다면, 그날로부터 C-12의 양은 그대로 있지만, C-14는 방사성 붕괴가 시작되어 그 양이 차츰 줄어든다. 즉 오늘 죽은 어떤 나무에 포함된 C-14의 양이 1그램이라면, 반감기만큼의 세월이 지난 후에는 C-14의 양은 그 절반인 0.5그램으로 준다. 따라서 흐른 시간에 비례하여 C-12와 C-14의 존재 비율이 달라진다. 그러므로 어디선가 고인류나 고생물의 화석, 고문서, 예술품 등이 발견되면 반드시 방사성탄소를 이용하여 그 나이를 측정한다. 만일 어느 곳에서 선사시대의 유물이 발견된다면, 그곳에서 출토되는 물건들의 나이는 방사성탄소 연대측정법으로 추정될 것이다.

원자폭탄 개발계획에도 참여했던 미국의 물리화학자 윌러드 프랭크 리비(Willard Frank Libby, 1908~1980)는 C-14의 이러한 성질을 이용하여, 고대의 유물이나 암석, 화석, 목재, 예술품 등의 연대를 매우 정밀하게 측정하는 방법을 처음으로 연구해냈다. 그는 뒤이어 삼중수소(tritium)를 이용하여 물(와인 등)의 나이를 측정하는 방법도 발견했다. 이러한 업적으로 그는 1960년에 노벨 화학상을 받았다.

화석이 발견되면, 그 속에 포함된 탄소-12와 탄소-14의 양을 비교하여 그 화석의 연대를 측정할 수 있다.

농업에 이용되는 방사성동위원소

생물학 연구에 방사선을 이용하는 과학 분야를 '방사선생물학'(radiobiology. radiation biology)이라 한다. 방사선을 농업 연구에 이용하는 과학은 방사선농학(radiation agriculture)이라 부르기도 한다. 방사선생물학과 방사선농학은 서로 연관되어 있으므로 구분하기가 때로 어렵다.

미국의 유전학자 허만 밀러(Hermann Joseph Muller, 1890~1967)는 당시 새로운 발견으로 과학자들의 관심을 끌고 있던 X-선을 그가 유전학 실험동물로 키우고 있던 초파리에 비추어 어떤 결과가 나타나는지 조사했다. 그는 1927년에 X-선의 강도(強度)와 비추는 시간을 여러 단계로 조정하여 초파리에 조사(照射)한 결과, 방사선을 쬔 초파리에서는 자연 상태에서보다 훨씬 높은 비율로 온갖 돌연변이가 나타나는 것을 확인했다.

　일반적으로 돌연변이는 거의 생존에 불리한 형질로 태어난다. 그래서 대부분은 당대(當代)에 사라지고 만다. 그러나 수많은 돌연변이 중에는 과학자들이 희망하는 것이 나타날 수 있다. 방사선이 돌연변이 발생률을 높인다는 사실이 알려지면서, 종자개량에 참여하던 육종학자들은 벼, 밀, 옥수수, 콩, 감자 등을 비롯한 온갖 작물에 X-선을 비추어 인공적으로 돌연변이를 일으키는 실험에 착수하여, 돌연변이 중에서 수확이 많고, 병충에 잘 견디며,

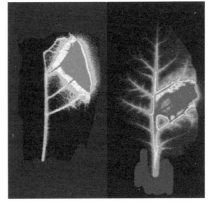

방사선물질이 집중된 부분의 잎을 촬영한 방사선 사진

재배기간이 짧고, 추위에도 잘 견디는 등 필요한 품종을 개발하기 시작했다.

예를 든다면, 아주까리의 경우 통상 270일 정도 키워야 씨를 수확할 수 있지만, 방사선 돌연변이로 만들어낸 종자는 150일이나 짧은 120일 만에 다 자라기도 했다. 박하 향을 생산하기 위해 재배하는 박하의 경우, 곰팡이 병으로 장기간 재배를 제대로 하지 못하고 있었다. 그러나 중성자를 이용하여 육종한 돌연변이 품종은 곰팡이 병에 잘 저항하며 자랐다.

추위와 병충해에 강하면서 생산량이 많은 밀, 더 맛있고 생산량이 많은 땅콩, 커다란 꽃이 피는 달리아, 더욱 진항 붉은색 꽃을 피우는 장미, 가시가 없는 장미 등이 연달아 개발되었다. 이러한 돌연변이 품종 육성에는 X-선과 감마선 및 다른 방사선도 이용되었다. 실험 대상은 이처럼 작물만 아니라 과수, 꽃, 수목, 나아가 가축과 애완동물에 이르기까지 넓어졌다.

수확량이 2배나 되는 벼 품종이 개발되었고, 단백질 함량이 많은 품종, 재배기간이 크게 단축된 품종이 연달아 나왔다. 이러한 신품종은 벼에서만 아니라 모든 작물에서 얻을 수 있었다. 당시 인구증가에 따라 식량부족을 염려하던 때였으므로, 뮐러의 대 발견은 인류에게 큰 공헌을 하게 되었다.

뮐러는 방사선을 이용한 돌연변이 연구로 1946년에 노벨생리의학상을 수상했다. 방사선을 이용한 육종 방법은 유전자를 직접 조작하는 오늘날에도 잘 이용되고 있다.

방사선으로 추적한 광합성 과정

미국의 화학자 캘빈(Malvin Calvin, 1911~1997)은 동료 과학자 벤슨(Andrew Benson, 1917~) 및 바샴(James Bassham, 1922~)과 함께 C-14를 추적하여 식물의 세포 속에서 광합성이 일어나는 화학변화 과정(캘빈 회로)을 밝히는데 성공하여, 그는 1961년에 노벨화학상을 수상했다. 캘빈은 광합성에 참여하는 이산화탄소의 탄소가 C-14인 것($^{14}CO_2$)을 추적자로 사용하여, 이 방사성탄소가 광합성 과정에 어떤 물질로 변화해 가는지 밝혀낸 것이다. C-14는 생물학과 유기화학 분야에서 방사선 추적자로 이용되어, 수많은 사실을 알아내는 도구가 되었다.

농업에서는 비료의 성분인 질소, 인, 칼륨과 칼슘, 마그네슘, 철 등의 무기영양소의 성분을 방사성동위원소로 만들어, 그들이 토양으로부터 식물체에 흡수되는 상황을 비롯하여, 이동 경로라든가, 화학변화 과정을 밝히는데 이용해왔다. 이런 연구로 밝혀진 지식은 비료를 언제 뿌려주는 것이 생육에 유리한지, 얼마나 많이 주어야 하는지 등에 대한 정보를 제공했다.

과거에는 식물은 뿌리에서만 영양분과 물을 흡수할 수 있다고 생각했다. 그러나 방사성동위원소가 포함된 비료를 잎과 줄기에 살포해준 결과, 비료 성분은 뿌리가 아닌 잎 부분에서도 내부로 흡수된다는 사실을 발견하게 되었다. 이 사실을 알게 된 후부터 농부들은 화학비료를 물에 녹인 액체비료를 식물의 잎에 직접 뿌려도 효과가 크다는 것을 알게 되어 작물 재배 때 실용하게 되었다.

이러한 방사성동위원소 추적 방법은 식물만 아니라 가축에게도 실험되었다. 예를 들면 어떤 사료가 가축의 생육에 유리한지, 각종 영양소는 동물체의 어느 곳에서 어떤 화학변화 과정을 거치는지 자세히 알게 되었다.

방사성동위원소는 농작물을 재배하는 토양의 수분 함량을 측정하는데도 이용된다. 이때는 파이프를 땅속 1.5-2m 정도 깊이에 박아두고 그 속으로 중성자를 보낸다. 만일 땅속에 수분이 많다면 중성자가 빨리 땅속으로 흡수된다. 물은 중성자를 잘 흡수하기 때문이다. 그러므로 중성자가 흡수되는 정도를 측정하여 땅속 수분 함량을 계산할 수 있는 것이다. 이런 장비를 '중성자 토양습도계'라 부른다.

방사선으로 해충을 퇴치

　농업에서는 해충을 제거하는 방법으로 방사선을 이용하기도 한다. 파리 종류 가운데 금파리의 일종은 가축의 질병을 퍼뜨리거나 직접 피해를 준다. 이러한 금파리를 제거하는 방법으로 과학자들은 금파리를 실험실에서 대량 번식시킨 다음, 이들에게 일정량의 방사선을 조사한 결과, 금파리 수컷들의 생식기관에 이상이 생겨 모두 불임(不姙)이 된다는 사실을 발견했다.

　불임 수컷 금파리를 가축사나 방목장에 방생(放生)하면, 불임 수컷과 교미한 암컷들은 부화되지 않는 알을 산란하게 된다. 그러므로 불임 수컷을 계속하여 대량 방생하기를 계속하면, 금파리의 수는 해마다 줄어들어 피해를 줄일 수 있다. 젖소농장에 금파리가 들끓으면 젖소들은 우유 생산량이 감소하고, 육우(肉牛)들이라면 체중이 잘 불어나지 못한다.

　방사성동위원소를 사용하여 해충의 수컷을 불임으로 만들어 해충의 수를 감소시키는 방법을 '방사선 해충불임술'이라 한다. 목화다래나방은 목화에 큰 피해를 주는 해충이다. 오늘날 목화 경작지에서는 방사선 해충불임술로 이들을 퇴치하여 그 피해를 크게 줄였다. 사과나무와 같은 과수(果樹)들은 잎말이나방의 피해를 입고 있다. 이들 역시 방사성 해충불임술로 퇴치할 수 있다.

오늘날 벼의 해충인 명나방을 비롯하여 수많은 종류의 해충을 이 방법으로 없애고 있다. 아프리카에서는 수면병을 일으키는 체체파리를 구제하는데 이용하기도 했다. 방사선 해충불임술은 농약을 사용하지 않기 때문에 다른 익충까지 죽이는 부작용을 방지하며, 농약이 가져오는 온갖 공해를 피할 수 있다. 이 방법은 농약 생산비를 줄일 뿐만 아니라, 농약을 살포하는 수고까지 들어준다.

오늘날 사용하는 농약은 크게 3가지가 있다. 해충을 죽이는 살충제와 곰팡이나 병균을 제압하는 살균제, 그리고 잡초를 없애는 제초제이다. 지난 날 이런 농약들은 다른 익충을 죽이거나, 인간의 몸에 축적되거나, 수질을 오염시키거나 하여 말썽이 되어 왔다.

과학자들은 새로운 농약을 개발했을 때, 그것이 식물 속으로 빨리 침투하여 기대한 효과를 잘 낼 수 있는지, 얼마나 시간이 지나면 자연 속에서 분해되어 없어지는지, 가축이나 인체에 축적될 위험은 없는지를 확인하는 방법으로 방사성동위원소를 사용하기도 한다.

농약의 화학성분 일부를 방사성동위원소로 제조한 후, 방사선 표지(標識 tagging, labeling)가 된 농약을 살포한 이후, 그 농약에서 방출되는 방사선을 추적함으로써, 식물이 농약 성분을 흡수하는 상황이라든가, 농약의 잔여기간(殘餘期間) 또는 기타 공해를 미리 알 수 있는 것이다.

농업기술에서는 방사선을 이용하는 방안이 얼마든지 있다. 가축의 기생충이라든가 전염병을 연구하는 과학자들은, 기생충 또는 세균에 방사선동위원소를 표지하여 그들을 추적하는 방법으로 그들의 생활사라든가 성질을 조사한다. 또한 과학자들은 가축의 기생충이라든가 전염병을 일으키는 병원균을 구제하는 약을 개발할 때도 실험 병동(病棟)에서 방사선 추적 방법을 이용한다.

2010년에는 우리나라와 일본에서 소와 돼지 등에 전염되는 구제역(口蹄疫)이 발생하여, 엄청난 규모로 장기간 방역(防疫) 작업을 해야 했다. 구제역(foot-and-mouth disease)은 소, 돼지, 양, 사슴과 같이 발굽이 2개인 포유동물 사이에 주로 전염되는 매우 치명적인 병이다. 바이러스에 의해 전염되는 구제역에 걸린 가축은 2,3일 사이에 급격이 쇄약해지며, 다리와 입에 심하게 물집이 생겨 죽게 된다.

구제역은 제2차 세계대전이 끝난 직후에 세계적으로 발병하여 피해가 막심했다. 구제역 바이러스 백신은 1981년에 미국에서 처음 개발되었다. 백신이 있기는 하지만, 이 바이러스는 변이종이 계속 나타나 가축 사육에 큰 피해를 준다. 구제역에 대한 연구와 백신 개발에도 방사성동위원소가 이용된 것으로 알려져 있다.

음식의 장기 보존에 이용되는 방사선

육류를 장기간 저장하는 방법은 통조림으로 만드는 것이다. 통조림은 대개 뜨거운 열로 내부를 살균해왔다. 그러나 지금은 많은 음식물을 코발트-60이나 세슘-137의 감마선을 조사(照射)하여 장기 저장하고 있다. 방사선 멸균을 처음 시도한 곳은 미국 육군이었다. 전쟁터에서 간단한 방법으로 음식물을 멸균하여 병사들에게 제공하는 방법이었던 것이다. 감마선 멸균은 열을 주는 방법이 아니므로, 육류만 아니라 우유와 채소, 과일, 생선, 새우에까지 적용할 수 있다.

특히 쌀이나 밀가루, 과일, 채소류를 먼 곳에서 운반해올 때, 포장 속에 해충이 포함되어 있으면 피해를 입는다. 그러나 이들 식품에 적정량의 방사선을 쪼이면 해충도 죽고 박테리아도 죽으므로 보존 기간을 크게 늘일 수 있게 된다. 이러한 방사선 살균과 살충은 식품의 맛이나 색채에 영향을 주지 않을뿐더러, 인체에 아무런 영향을 주지 않으므로 매우 편리한 식품 보존 방법이다.

발효식품이라면 방사선으로 이스트를 죽여 발효를

중단시키는데도 이용할 수 있다. 감자라든가 양파 등은 보존하는 동안 싹이 터서 상품가치가 떨어지거나 먹을 수 없게 되는 경우가 많다. 일정량의 방사선을 쬐면 싹이 나는 것을 막을 수 있으며, 신선도를 유지한 상태로 장기 보존에도 도움이 된다.

화학분석에 이용되는 스펙트로스코프

소량의 물질이라도 그 화학성분을 정확하게 분석할 수 있는 화학분석장치 중에 가장 잘 활용되는 것이

방사선을 이용한 연대측정에는 '동위원소 질량분석기'(isotope ratio mass spectrometer)라 불리는 장치가 이용된다.

스펙트로스코프(spectroscope 분광기)이다. 스펙트로미터, 스펙트로그래프 등으로 불리기도 하는 이 분광분석(分光分析) 장치는, 분석할 물질에 감마선이나 X-선을 조사했을 때, 그 물질로부터 나오는 특유한 전자기파의 스펙트럼을 분석하여 성분을 알아내는 장치이다.

오늘날 스펙트로스코프는 손바닥 크기의 초소형까지 개발되어 있으며, 분광분석에 사용되는 방사선의 종류에 따라 X-선 분광기, 적외선 분광기, 감마선 분광기, 형광 X-선 분광기, 중성자 방사 분광기 등 여러 가지가 있다. 분광기는 분석할 재료를 손상하지 않고, 극소량일지라도 분석할 수 있으며, 화학 분석에만 아니라 골동품 감정, 과학수사에 이르기까지 여러 분야에서 활용하고 있다. 예를 들면 머리카락 한 올을 검사하여 범인의 머리카락임을 증명할 수도 있다.

원자력으로 건설하는 운하

원자폭탄의 위력을 실감하게 된 인류는 원자력을 파괴적인 전쟁용 칼이 아니라 밭을 가는 평화의 쟁기로 사용할 아이디어를 찾았다. 핵붕괴물질 56g은 TNT 1,000톤의 위력을 갖는다. 인류를 위한 건설의 에너지로 원자력을 이용하자는 것이다. 그러한 아이디어 중에는 대규모 운하를 건설하는 일, 물이 부족한 곳으로 대규모 수로의 건설, 지하 광산 개발 등에 원자력을 사용하자는 의견이 있었다.

파나마운하와 수에즈운하 같은 대운하를 원자력으로 굴착하는 구상이 있다. 지중해와 홍해를 연결하는 수에즈운하는 약 140년 전인 1869년에 처음 개통되었다. 착공 10년 만에 개통을 본 당시의 수에즈운하는 총길이 164km, 깊이 10~11m,

하늘에서 본 수에즈운하. 수에즈운하는 길이가 162.5km이지만, 보조운하가 있어 총길이가 193km이다.

폭 44m였다. 그러나 선박의 규모가 커지고, 통행 선박의 수가 증가하면서 선박들은 통행을 위해 기다리는 시간이 길어졌다. 그래서 운하 규모를 계속 확대해야만 했다. 운하는 몇 차례 확장공사를 하여, 2010년 현재 총길이는 193km(이중 약 20km는 보조 운하)이고, 수심은 24m, 폭은 205m로 넓어졌다.

대서양과 태평양을 연결하는 파나마운하는 1914년에 개통되었으며 전체 길이는 77km이다. 파나마운하 공사는 처음 프랑스가 1880년에 시작했으나 열대 말라리아와 황열병으로 총 21,900명의 노동자가 사망하게 되자 1889년에 공사를 중단하고 말았다. 당시 뉴욕에서 샌프란시스코까지의 뱃길은 22,500km였다. 그러나 이 운하가 열리면 그 길이가 9,500km로 단축될 것이었다. 그래서 미국은 프랑스가 포기한 운하를 1904년부터 다시 파기 시작하여 1914년에 개통했다. 그 사이에 미국도 5,600명이나 되는 노동자를 잃었다.

만일 운하를 보다 쉽게 건설할 수 있다면, 인류는 더 많은 운하를 필요한 곳에 건설할 것이다. 1962년에 미국에서 실시한 지하 핵실험에 의하면, 100킬로톤 급의 원자폭탄을 지하 190m 깊이에서 폭발시켰을 때, 그 자리에는 깊이 90m, 폭 360m의 폭파공이 생겨났다. 이때 파헤쳐진 흙과 암석의 양은 약 1,200만 톤이었으며, 그중 800만 톤은 폭파 구멍 밖으로 흩어졌다.

과학자들의 컴퓨터 시뮬레이션 실험(모의실험)에 의하면, 원자력으로 운하를 굴착하는 것은 TNT를 사용하는 것보다 비용이 약 100분의 1로 줄어든다는 결론을 내리고 있다. 그러나 문제는 방사선과 지진파 및 충격파의 위험으로부터 완전하게 안전할 수 없다는 것이다.

만일 운하공사가 어렵지 않다면, 지구상의 사막지대에 물을 끓어오는 대규모 수로를 건설하는 계획을 여러 곳에서 세울 수 있을 것이다. 원자력은 댐 공사에도 이용할 수 있으며, 항구가 필요한 곳에서는 인공항구 건설에도 이용할 수 있다. 항구 공사는 생각처럼 쉽지는 않을 것이지만, 미래의 인류에게는 필요할지 모른다.

원자력으로 건설하는 지하 석유 저장고

지구상에는 곳곳에 대규모 석유 저장시설이 있다. 지난날 지하에서 원자폭탄을 터뜨리는 방법으로 석유나 천연가스 저장시설을 건설하는 방법을 구상했다. 지하에서 핵폭발이 일어나면 가스 팽창으로 거대한 구멍이 생기고, 이때 구멍 주변의 암석은 고열에 녹아 단단한 저장고 암벽이 될 수 있기 때문이다. 이러한 구상은 1969년 콜로라도 주 사막에서 실시되었다. 이때의 지하핵실험은 2,400m 깊이에서 TNT 40,000톤 규모로 실시되었다고 한다.

물이 귀한 사막지대이지만, 지하 깊은 곳에 저수층(貯水層)이 있을 수 있다. 이런 곳에 원자력 폭발로 지하 저장고를 만들면, 핵폭발 동공(洞空)은 지하 우물 역할을 하는 동시에 대량의 물을 담아둘 수 있다.

미래에는 지구온난화의 주범으로 보이는 이산화탄소를 드라이아이스 상태로 압축하여, 이러한 지하 저장고에 보관할 수도 있을 것이다.

철, 구리와 같은 광물은 가장 수요가 많은 자원이다. 그 동안 사람들은 채굴작업이 용이하고, 함량이 많은 광맥을 골라 채굴해왔다. 세월이 지나면서 함량이 많은 질 좋은 광석은 더 깊은 곳에서 채굴해야 하게 되었다. 그렇게 하려면 채굴 비용이 상승하여 광석 값이 올라가게 된다. 원자력 과학자들은 깊은 곳에 매장되어 있는 광물을 경제적으로 채굴하려면 원자력을 이용해야 한다고 믿는다.

원자력의 안전 관리

인류는 불을 사용하게 되면서 문명을 만들기 시작했다. 그러나 불을 잘못 다루면 화재라는 재난이 된다. 홍수는 재앙이지만, 강은 뱃길이고, 댐을 만들어 잘 이용하면 수력발전을 할 수 있다.

원자력은 '제2의 불'이라고 말한다. 그러나 원자력 역시 잘못 사용하면 최악의 무기가 되고, 반대로 잘 이용하면 너무나 중요한 이기가 된다. 원자력을 이용함에 있어 가장 두려운 것은 원자폭탄만 아니다. 원자로에서 일어날 수 있는 원하지 않는 폭발사고와 방사선의 오염이다. 원자력의 위험은 그것이 이용되는 모든 곳에 있다. 원자력을 이용하는 모든 이기들, 이를테면 원자력 교통기관, 의학과 산업, 농업, 과학연구 기관 등 방사성물질이 있는 곳이면 어디서든 안전사고가 발생할 수 있다.

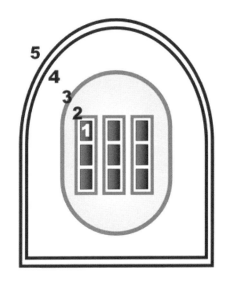

5중으로 된 원자로의 안전벽. 세계 모든 원자로는(발전소, 잠수함 등 모두의) 안전벽이 5중으로 되어 있다. 1단계는 우라늄 연료를 둘러싼 세라믹 벽, 2단계는 연료봉을 감싼 지르코늄 합금 방어벽, 3단계는 두께 수십cm의 강철 벽, 4단계는 원자로 건물을 둘러싼 1차 철근 콘크리트 방어벽, 그리고 5단계는 4단계 안전벽을 다시 덮고 있는 2차 방어벽이다.

우리나라의 각 원자력발전소에는 시민들에게 한국 원자력발전소의 안전한 시스템을 알리는 홍보 전시관을 연중 개방하고 있다. 개인 또는 단체 견학이 가능한 발전소의 홍보관은 원자력 관련 지식과 정보를 소개하는 내용도 함께 전시하고 있다.

과학문명이 극도로 발달한 21세기의 인류이지만, 4가지 대재앙을 극복하지 않으면 안 된다, 그것은 1) 인구 증가에 따른 식량 부족, 2) 에너지 자원의 고갈,

3) 공해, 그리고 4) 지구 온난화에 의한 지구 환경 변화이다. 인류에게 재앙이 될 이러한 위협을 극복하는 최선의 방법은 원자력의 연구와 그 이용에 있을 것이다.

제 8 장

우리나라 원자력발전소의 이모저모

밝은 빛, 맑은 공기, 푸른 하늘, 푸른 에너지를 생산하는 원자력 발전소

우리나라 원자력발전소는 2001년에 있었던 정부의 전력산업구조조정 계획에 따라 '한국수력원자력 주식회사'에 소속하게 되었다. 2010년 현재 우리나라는 고리, 월성, 울진, 영광 지역에 총 20기의 원자로를 건설하여 총합 17,716MW의 전력을 생산하고 있으며, 현재도 고리에 4기, 월성에 2기, 울진에 2기 모두 8기의 원자로를 새로 건설 혹은 계획 중에 있다. 또한 2022년까지 4기를 더 건설하여 총 전력생산량의 48%를 원자력발전소가 차지하도록 계획을 추진하고 있다.

고리 원자력발전소 전경

원자력발전소는 산업발전과 녹색성장의 주역

　2008년 말의 조사에 따르면, 우리나라는 총 에너지 수입액이 1,400억 달러였으며, 이 금액은 우리나라 대표 수출품인 선박, 자동차, 반도체의 수출 합계액인 1,109억 달러보다 많다. 또한 같은 해, 우리나라 전체 수입액이 4,372억 달러였으므로, 에너지 수입액이 32%를 차지한 것이다. 그러므로 연료비가 적게 드는 원자력발전소야말로 국내 소비 전력의 약 40%를 가장 값싼 원가로 생산하면서 우리나라 산업발전과 녹색성장의 동력을 담당하고 있는 것이다.

울진원자력발전소의 중앙제어실. 직원들은 하루 3교대로 이곳에서 전체 발전소를 관리한다.

강원도 화천댐에서 수위조절을 위해 대량의 물이 방류되고 있다.

화석연료는 전 세계적으로 그 양이 한정되어 있다. 발표에 따르면 석유는 앞으로 40년, 석탄은 155년, 천연가스는 65년분이 남아있다고 한다. 계획에 의하면 2030~2040년경에 고속증식로가 개발되어 제4세대 원자력발전이 시작될 전망이다. 고속증식로를 사용하게 되면 우라늄 연료의 이용 효율이 지금보다 60배 이상 높아지므로, 연료 부족 걱정은 하지 않아도 된다.

우리나라 발전소 종류별 설비 용량과 발전량 구성 비율(2008년 말)

발전소 종류	발전 설비 용량과 구성 비율	발전량과 구성 비율
원자력 발전	17,716MW (24.4%)	150,985GWh (35.7%)

석탄 발전	23,705MW (32.7%)	173,508GWh (41.1%)
석유 발전	6,867MW (9.5%)	15,425GWh (3.7%)
천연가스 발전	17,969MW (24.8%)	75,809GWh (17.9%)
수력 발전	5,505MW (7.6%)	5,563GWh (1.3%)
기타 발전(대체에너지)	728MW (1.0%)	1,092GWh (0.2%)

* 수력발전소의 경우, 설비용량은 7.6%이지만 수자원이 부족했던 2008년의 발전 용량은 1.3%였다.

우리나라 원자력발전소 소재지

1. 고리 원자력발전소 : 부산 광역시 기장군 장안읍 고리 216

전남 영광군의 원자력발전소는 총 6기의 원자로를 가동하고 있다. 이곳에는 총 1,400여명의 직원과 1,200여명의 협력업체 직원들이 함께 근무한다. 이곳의 직원과 그 가족들은 대부분 발전소 이웃 녹지에 마련된 사원 아파트에서 생활한다.

2. 영광 원자력발전소 : 전남 영광군 홍농읍 계마리 514

3. 월성 원자력발전소 : 경북 경주시 양남면 나아리 260

4. 울진 원자력발전소 : 경북 울진군 북면 부구리 84-4

방사선폐기물 처분 시설의 소재지 :

경북 경주시 양북면 봉길리, 월성원자력발전소 근처

영광원자력발전소의 발전기

한국 원자력발전소의 전력 생산 규모

전력 생산 단위 메가와트(MW)와 기가와트(GW)

1W(와트)라는 단위는 1초 동안에 1줄(joule)의 일을 하는 단위이다. 전구에 100W라고 표시되어 있으면, 그 전구는 1초에 100W의 에너지를 낸다. 1,000W는 1kW이고, 1,000kW는 1MW(메가와트), 1,000MW는 1GW(기가와트), 1,000GW는 1TW(테라와트)이다. 1kWh는 1시간(1 hour) 동안의 출력을 나타내고, 1MWd는 하루(1 day) 동안의 출력을 MW 단위로 나타낸 것이다. 그러므로 1,000MW급 원자력발전소는 1시간에 1,000MWh의 전

울진 원자력발전소에서 방제훈련을 하고 있다.

력을 생산하는 것이다. 일반적으로 화력발전소는 60
0~700MW, 원자력발전소는 600~1,400MW의 전력생
산 규모로 건설하고 있다.

원자력발전소의 놀라운 안전 기술

원자력발전소 1기를 건설하는 데는 약 3조원의 예
산이 필요하다. 이 예산 가운데 30%는 안전설비를 구
축하는데 들어간다. 오늘날 방사선 안전 기술은 거의
완벽하도록 발전해 있어, 발전소 내 어디에서도 방사
선 누출이 탐지되지 않는다.

원자력발전소는 리히터 규모 6.5의 강력한 지진이
원자로 바로 밑에서 발생해도 안전하도록 내진설계를
하며, 동시에 원자로는 지반이 경고한 암반 위에 건
설한다. 원자로 주변에는 지진 감시장치가 항시 가동
되고 있으며, 지진이 발생하면 그 정도에 따라 경보
를 발령하고, 원자로를 안전하게 정지시키는 등 비상
대응을 하도록 되어 있다.

원자력발전소가 있는 주변 상공은 비행제한구역이
다. 원자로가 들어 있는 탑의 높이는 약 60m이며,
150톤의 거대한 비행기가 시속 360km로 충돌하더라
도 안전하도록 설계·시공하고 있다.

건설 중에 있는 1,000MW급 신고리 원자력발전소 1,2호기.

원자력발전소의 안전 평가와 가동 수명 연장

원자력발전소는 10년마다 IAEA로부터 여러 가지 까다로운 안전성 평가를 받아 운전을 계속해도 좋은지 허가를 얻어야 한다. 또한 과거에 건설된 원자력발전소들은 수명이 30~40년으로 설계되었지만, 새로 건설되는 원자력발전소들은 수명이 60년이다. 그러나 규정된 수명에 도달한 발전소라도, 국제법규에 따라 '계속운전 안전성 평가'에 합격하면 몇 해 동안 운전을 계속할 수 있다. 우리나라의 첫 원자력발전소 고리 1호기는 2007년에 계속 운전 안전성 평가를 통과하고,

주변 주민 및 환경단체와 장기간 홍보와 협상을 거쳐 합의함으로써 현재 연장하여 운전하고 있다.

바닷물로 증기를 냉각시키는 우리나라 원자력발전소

우리나라의 원자력발전소는 모두 바닷가에 건설되어 있다. 이는 원자로의 발전 터빈에서 나오는 열을 해수로 냉각시키기 위해서이다. 우리나라 원자력발전소는 냉각시설을 지하에 준비하므로, 지상 높이 냉각탑을 세우지 않는다. 그 대신 발전소 주변에는 바닷물을 끌어들이는 취수구(取水口)와 온수를 배출하는

울진 원자력발전소를 증설하던 당시의 전경. 울진에는 6기의 원자로가 가동 중에 있으며, 신형 원자로 2기가 건설 준비 중에 있다.

배수구(排水口)가 마련되어 있다. 1,000MW급의 원자로는 매초 50~60톤의 냉각수를 사용한다. 원자력발전소에서 배출되는 물은 수온이 다소 상승한 온배수(溫排水)이다. 일반적으로 온배수는 취수 때보다 수온이 섭씨 1~2도 높아진 상태로 바다로 나간다.

새롭게 건설되는 우리나라 원자력발전소는 해안에서 약 860m 떨어진 수심 20m에서 저온의 냉각수를 취수하여 냉각에 사용하고, 수온이 오른 해수는 해안에서 약 540m 떨어진 수심 15m인 곳에 배수하도록 하고 있다.

원자력발전소의 방사선 폐기물 저장고

원자력을 이용하는 과정에 생겨나는 방사선 폐기물은 일반적으로 금속으로 특별히 만든 노란색 드럼에 담아 보관한다. 방사선 폐기물은 원자력발전소만 아니라 방사성동위원소를 사용하는 병원, 산업체, 대학과 연구실 등에서도 기체, 액체, 고체 상태로 나온다. 이런 폐기물은 방출되는 방사선 세기에 따라 저준위, 중준위, 고준위 3가지로 구분하여 각기 다른 방법으로 처리하여 보관한다. 예를 들어 작업복, 공구, 필터, 이온교환수지 같은 것은 방사능이 약하고, 반감기도 짧으므로 핵폐기물 드럼에 담아 보관하고, 원자로에서 나오는 폐 연료와 같은 고준위 폐기물은 각 발전소에 준비된 자체 저장고에 저장하고 있다.

경북 경주시 월성원자력발전소 이웃 해변 언덕에 건설되고 있는 방사선 폐기물처리장은 중·저준위 처분장이며, 장기간에 걸쳐 지질조사, 지진조사, 생태학적 조사를 까다롭게 하여 선정된 곳이다. 총 규모 800만 드럼을 보관할 이곳 저장고는 해수면 80~130m 아래의 거대한 암반 속이며, 그 안에 콘크리트 사일로를 만들어 저장할 것이다. (방사선폐기물 처리와 보관에 대한 자세한 정보는 '한국방사선폐기물관리공단'

각 원자력발전소는 원자로에서 나온 폐 연료를 저장하도록 특수 설계된 철근 콘크리트로 축조한 저장고를 마련하고 있다. 사진은 고리 원자력발전소의 폐기물 처리장이다. 방사선폐기물 보관 드럼의 용량은 보통 200리터이다.

홈페이지에서 찾아볼 수 있다.)

원자력발전소의 안전을 국민에게 홍보

우리나라 각 원자력발전소에는 발전소의 기능과 안전 등, 원자력발전에 대한 것을 한눈에 알리기 위해 홍보관을 설치하여 찾아오는 시민들에게 공개하고 있다. 홍보관은 설날, 신정, 추석을 제외하고 연중 개관하고 있으며, 견학 시간은 아침 9시부터 오후 5시까지이다. 단체로 견학을 원할 때는 1주일 이전에 인터

월성 원자력발전소의 양식장. 이곳에서는 발전소에서 나오는 온배수로 물고기를 기르고 있다.

넷이나 팩스로 신청하면 된다. 일부 원자력발전소에서는 대규모 수족관을 만들어 발전소에서 배출되는 물로 다양한 해양동물을 기르고 있으며, 어류를 양식하여 바다에 방류하기도 한다.

일부 사람들은 원자력발전소에서 나오는 냉각수에 방사성물질이 있을지 모른다고 염려한다. 그러나 원자로의 냉각제(경수 또는 중수)는 원자로 내에서만 순환하고, 발전기의 터빈을 회전시키는 수증기는 간접적으로 가열되므로 방사성 오염이 일어나지 않는다.

일반인들이 원자력발전소의 안전성에 대해 의심하는 큰 이유는 안전 대비에 대한 실상을 잘 모르기도 하지만, 핵폭탄이라든가 과거에 있었던 체르노빌 원자력발전소 사고를 연상하기 때문이다.

새로운 원자력발전소 10기 건설 현황

2010년 현재, 우리나라는 6기의 원자력발전소를 새로 건설 중에 있으며, 4기의 발전소는 건설 준비를 하고 있다. 새롭게 건설되는 신고리 1,2호기와 신월성 1,2호기는 개선된 한국 표준형 원자력발전소(APR1000)이고, 신고리 3,4호기는 새로 개발한 대용량 신형경수로 APR1400이다. 이는 APR1000형보다 40% 발전량이 증가한 모델이다. 건설을 준비하고 있는 신울진 1,2호

2010년 말을 준공 목표로 건설 중인 신고리 원자로 2호기는 2009년 2월 설치되었고, 2013년 9월 완공할 신고리 원자로 3호기는 2010년 7월 15일 완성되었다. 신고리 2호기 완성을 축하하는 사진을 통해 원자로를 둘러싼 방호벽의 구조와 규모를 엿볼 수 있다.

춘천수력발전소 전경

기와 신고리 5,6호기 역시 APR1400형이다. 이들은 모두 UAE에 수출할 원자로와 같은 모델이다.

최초의 APR1400 모델 원자력발전소 건립에는 현대건설, 두산중공업, SK건설, 대림산업, 대우건설, 삼성물산, GS건설 등의 국내 기업들이 함께 참여하고 있다.

발전 방식에 따른 발전 단가(2008년 기준, 단위 kWh)

원자력발전소는 건설비가 다소 비싸지만 연료인 우라늄의 값이 석유나 석탄에 비해 월등히 싸기 때문에 가장 경제적인 에너지원이 되었다. 우리나라의 경우, 1982년부터 2009년까지 물가는 230% 상승했으나, 전기요금은 14%만 증가했다. 이는 원자력발전의 비중을 계속 높여온 결과였다. 원자력발전소의 연료비는 발전원가의 약 13%를 차지하고 있다.

태양열 :　　　677.38원
기름 :　　　191.97원
풍력 :　　　133.76원
천연가스 :　　　163.63원
수력 :　　　134.30원
국내 석탄 :　117.55원

원자력 :   39.02원

월성 원자력발전소 전경. 4기의 원자로가 가동 중에 있다.

발전 방식에 따른 이산화탄소 배출량 비교(단위 g/kWh)

석탄 : 991

석유 : 782

천연가스 : 549

바이오메스 : 70

태양광 : 57

풍력 : 14

원자력 : 10(가동 중에는 0)

수력 : 8

　＊ 태양광, 풍력, 원자력, 수력에서는 가동 중에 이산화탄소가 전
혀 배출되지 않지만, 발전소에 필요한 비품 생산 때 이산화탄소가
약간 배출된다.

아랍에미리트(UAE)로 수출되는 한국형 원자력발전소

　우리나라는 UAE 아부다비 정부가 국제공개경쟁 입
찰을 통해 추진한 총 5,600MW 규모의 원자력발전소
건설 프로젝트를 2009년 12월 성공적으로 수주했다.
이는 우리나라에 원자력 기술이 도입된 지 50년, 고
리 원자력발전소를 운용하기 시작한지 30여년 만에
이루어진 일이다. 아부다비 서쪽 페르시아 연안에 건
설될 원자력발전소는 한국형 APR1400 원자로 4기이
다.

　최초로 이루어진 해외 원자력발전소 입찰에는 한국
전력(KEPCO)이 중심이 되어 한국수력원자력(한수원,
KHNP), 한국전력기술, 한전KPS, 한국원자력연료, 두
산중공업, 현대, 삼성, 미국의 벡텔과 AMEC이 공동으
로 참여했다.

UAE로 수출하게 되는 한국형 원자로 APR1400 원자로 4기의 건설 조감도이다. 2007년 5월이면 첫 번째 원자력발전소가 완공될 전망이다.

원자력발전소 주변의 환경 관리

원자력발전소 주변의 환경을 감시하도록 발전소로부터 반경 30km 이내의 여러 지역에 방사선감지기가 설치되어 있다. 또한 인구가 많은 지역에는 방사선량 표시판이 설치되어 있어 주민들이 직접 확인하도록 하고 있다.

현재까지 발전소 주변의 방사선량은 발전소가 없는 일반 지역과 거의 차이가 없는 것으로 확인되고 있

경북 월성에 건설되고 있는 중저준위 방사선폐기물 처리장(방폐장) 건설
현장

다. 모든 원자력발전소에는 인근의 주민 대표, 지방대
학, 발전소 당국의 인원으로 구성된 '원전민간환경감
시기구'가 설립되어 있어, 항시 방사선 오염을 확인하
고 있다.

 원자력발전소는 일정 규모를 넘는 지진이 감지되거
나, 일정량 이상의 방사선이 감지되면, 자동으로 경보
를 발생하면서 가동이 중지되도록 준비되어 있다.

원자력 관련 중요 용어 해설

가속기(입자가속기, 가속장치) : 고압의 전류로 강한 자기장을 형성하여, 전자나 양성자와 같은 전기를 띤 입자가 매우 빠른 속도를 내도록 만든 장치를 말한다. 긴 관으로 되어 있는 선형가속기(linear cyclotron)와 원형으로 만든 원형가속기(Synchrotron) 두 가지 형으로 크게 나뉜다. 소규모 가속기는 암 수술에, 대형 가속기는 원자의 연구, 방사성동위원소 생산 등에 이용된다.

가이거 계수관 : 알파 입자, 베타 입자, 감마선, X-선 등의 방사선을 검출하고, 그 양을 측정하는 기구

감마선 : 어떤 원자핵이 붕괴할 때 방출되는 X-선과 비슷한 전자기파. 투과력이 강하다.

경수로(硬水爐) : 원자로 노심 주변을 채우는 물로 일반 물(경수)를 사용한 원자로이다. 이 물은 원자로의 열을 냉각시키는 동시에, 중성자를 흡수하는 작용도 한다. 수백도의 물은 원자로 밖으로 나가 물을 데워 수증기를 발생시키고, 원자로로 되돌아온다.

동위원소(同位元素 isotope) : 화학적으로 같은 원소이면서, 원자량과 물리적 성질이 다른 원소이다. 동위원소는 핵 속에 중성자를 더 가졌거나 덜 가지고 있어, 원자량이 다르다. 자연에 있는 대부분의 원소는 하나 또는 그 이상의 동위원소와 혼합된 상태로 존재한다. 예를 들어 대부분의 수소는 핵에 1개의 양성자만 있지만, 중성자가 1개 더 있는 중수소(deuterium)와 중성자 2개를 더 가진 삼중수소(tritium)가 있다.

반감기(半減期 half life) : 방사성물질이 붕괴하여 그 양이 절반으로 줄어드는데 걸리는 기간. C-14의 반감기는 5,770년이다.

방사능(放射能 radioactivity) : 어떤 원소의 원자가 방사선(알파

입자, 베타 입자, 감마선)을 방출하면서 핵붕괴가 계속되는 현상을 말한다.

방사선(放射線 radiation) : 어떤 원소의 핵이 붕괴될 때 방출되는 알파 입자, 베타 입자, 감마선을 통칭하여 방사선이라 한다. 넓은 의미의 방사선에는 태양에서 오는 모든 파장의 빛(전자기파)인 적외선, 자외선, 가시광선, X-선, 라디오파 모두가 포함된다.

방사성동위원소 : 많은 원소는 동위원소를 가지고 있다. 예를 들어 일반적인 탄소는 탄소-12이지만, 탄소 동위원소에 C-14가 있다. 탄소-14의 원자는 불안정하여 핵붕괴를 하면서 방사선을 방출한다. 이 경우 C-14는 방사성을 가진 동위원소라 할 것이다.

방사성원소(radioactive element) : 핵이 불안정하여 붕괴되는 원소를 말한다. 원소들 중에는 핵의 에너지가 넘쳐 방사선을 방출하면서(방사선 붕괴) 보다 안정된 원소로 변해간다. 방사성 우라늄은 핵붕괴를 계속하여 마침내 화학적으로 안정한 납으로 변한다.

베타 입자(베타선) : 방사선으로 방출되는 음전기를 띤 전자나 양전자(양전기를 가진 전자)를 말하며, 전자의 흐름을 베타선이라 부른다.

알파 입자(알파선) : 전자를 잃어버린 헬륨의 원자핵. 그러므로 양전기를 띠고 있다. 많은 방사성물질에서 방출되는데, 그 흐름을 알파선이라 한다.

양성자 : 원자의 핵을 이루는 기본 입자의 하나이며, 양전기를 가졌다. 원소 중에 가장 가벼운 수소는 그 핵에 양성자가 1개뿐이며, 핵 주위를 전자 1개가 돌고 있다. 모든 원소는 각기 다른 수의 양성자를 가지고 있으며, 각 원소의 양성자 수는 원자번호(atomic number)가 된다.

엑스선(X-ray) : 파장이 짧으며 침투력이 강한 전자기파이다.

연구용 원자로 : 원자로이면서 과학 연구, 의료, 농업, 산업용으로 사용할 방사성물질을 생산할 목적으로 만든 원자로이다.

연쇄반응(連鎖反應 chain reaction) : 어떤 원소의 핵이 원자로 내에서 핵분열을 하면 동시에 중성자가 방출되어 다른 원자의 핵과 충돌함으로써 연쇄적으로 핵분열을 일으킨다.

원소(元素 element) : 우주의 만물을 이루고 있는 기본 물질을 말하며, 자연에는 94종의 원소가 있다. 가속기 등을 사용하여 수십 가지 인공원소를 만들고 있다.

원자(原字 atom) : 어떤 원소의 특성을 지니는 그 원소의 최소의 입자.

원자량(atomic weight) : 각 원소의 원자핵이 가진 양성자와 중성자의 총합 무게를 말한다. 각 원소의 원자 무게는 탄소 원자의 무게를 12로 정한 비례 무게이다.

원자력(atomic energy) : 원자력은 핵분열과 핵융합 시에 질량의 감소가 일어나면서 발생하는 에너지를 말한다.

원자로(原子爐 reactor) : 핵분열에 의해 열을 생산하도록 만든 화로(火爐)이다. 원자력발전소의 원자로는 적당한 속도로 핵분열이 일어나 필요한 양의 에너지를 얻도록 만든 것이다.

원자핵(nucleus) : 원자의 중심을 이룬다. 원자의 핵 둘레를 음전기를 가진 매우 작은 입자인 전자가 돌고 있다. 수소를 제외한 모든 원소의 핵은 양전기를 띤 양성자와 전기가 없는 중성자로 이루어져 있다. 양성자와 중성자를 합쳐 핵자(核子 nucleon)라 한다.

음극선(cathode ray) : 유리로 만든 관의 공기를 펌프로 뽑아내어 진공 상태의 유리관으로 만들고, 그 유리관의 양쪽에 음극(-)과 양극(+) 전극을 연결한 것이 음극선관이다. 이러한 크룩스관(음극선관)의 양쪽 극에 높은 압력의 전기를 걸어주면, 음극에서 양극으로 전자들(진자 빔)이 흐르게 된다. 음극선이라는 말은 음극에서 방출되는 전자의 흐름이라는 의미로 붙여진 이름이다.

이온화 : 원자는 보통 때 중성이지만, 여러 원인에 의해 1개 또는 그 이상의 전자가 제거되면, 그 원자의 핵은 전기적인 평형이 깨어지는데, 이런 상태가 되는 것을 이온화라 한다. 이온

화는 화학의 해리(解離 dissociation) 현상과는 다르다. 1개의 양성자와 1개의 전자로 된 수소 원자가 이온화하면(H → H$^+$ + e$^-$) 양성자만 남는다.

중성자 : 수소를 제외한 모든 원소의 원자핵을 구성하는 기본입자(소립자)이며, 전기를 띠지 않는다. 양성자와 거의 무게가 같으나 약간 무겁다. 전기를 갖지 않으므로 전자나 양성자와 반발하거나 끌리지 않는다. 핵에 중성자를 충돌시키면 핵분열을 일으킬 수 있다. 고속의 중성자들은 원자로나 가속기에서 생산된다.

중수(重水) : 일반 물 분자(H$_2$O)를 구성하는 수소의 원자는 양성자를 1개 가졌지만, 중수의 수소 원자는 양성자 1개와 중성자 1개로 이루어진 중수소이다. 중수는 일반 물보다 무겁기 때문에 얻은 이름이다.

중수로(重水爐) : 원자로 노심 주변을 채우는 물로 중수를 사용한 원자로이다. 물은 원자로의 열을 받아 냉각시키는 동시에, 중성자를 흡수하는 작용도 한다.

증식로(增殖爐 breeder reactor) : 경수로에서 사용하는 연료는 U-235를 2~5%(평균 3%)까지 농축한 것이므로, 연료의 나머지 대부분은 핵분열이 불가능한 U-238이다. 증식로에서는 U-235에서 방출되는 중성자 일부가 U-238과 충돌하여 핵분열이 가능한 U-235와 Pu-239를 만들게 된다. 그러므로 증식로에서는 연료를 소비할수록 더 많은 핵연료가 증식하게 된다. '증식로'라는 말은 여기에서 생긴 것이며, 증식로를 흔히 '고속증식로'라고 하는 것은 증식로의 중성자가 고속이기 때문이다. 차세대 원자로라 불리는 고속증식로가 완성되면, 천연 우라늄의 99.3%를 차지하는 U-238을 그대로 연료로 사용하게 된다.

탄소-14(방사성탄소) : 일반 탄소는 6개의 양성자와 6개의 중성자를 가지고 있어 C-12로 나타낸다. 탄소 중에는 핵에 6개의 양성자와 8개의 중성자를 가지고 있어 원자량(원자무게)가 14인 것이 있다. C-14)또는 ^{14}C)로 나타내는 이런 탄소는 핵이 붕괴되면서 방사선을 방출한다. C-14의 핵은 붕괴하여 안정한 질소(N-14)로 변한다. 질소의 핵은 7개의 양성자와 7개의 중성자를 가졌다.

핵력(nuclear force) : 핵력은 원자력(atomic energy)과는 다르다. 원자의 핵은 양성자와 중성자(핵자)가 뭉쳐진 형태로 있다. 핵의 양성자들은 양전기를 가졌으므로 서로 반발하여 서로 붙어 있기 어려울 것이다. 그러나 이들이 결합하고 있는 것은 핵력이 작용하기 때문이다. 핵력에는 약핵력, 강핵력 등 많은 이론이 있다.

핵분열(nuclear fission) : 무거운 핵이 쪼개져 작은 핵으로 되는 현상을 말한다. 핵분열이 일어나면 중성자와 양성자(감마선 형태로)가 방출되며, 이때 큰 에너지(열과 방사선으로)가 나온다. 원자폭탄은 우라늄 또는 플루토늄과 같은 원소의 핵이 분열하면서 막대한 에너지가 한꺼번에 방출되도록 만든 것이다.

핵융합(nuclear fusion) : 수소의 동위원소인 중수소나 삼중수소와 같은 원자량이 작은 원소의 원자가 강력한 에너지에 의해 합쳐 헬륨으로 되는 현상이다. 이때 질량의 감소 현상이 얼어나면서 막대한 에너지가 발생한다. 수소폭탄은 핵융합 원리를 이용한 원자력 폭탄이다.

ABM : 탄도미사일 방어조약
CTBT : 포괄적 핵실험금지조약
FMCT : 핵분열성물질 생산금지조약
IAEA : 국제원자력기구
NPT : 핵비확산조약
START : 전략무기 감축조약
WNA : 세계원자력협회(World Nuclear Association)

찾아보기